JEC-0221-2007

電気学会　電気規格調査会標準規格

インパルス電圧・電流試験用測定器に対する要求事項

緒　　　言

1. 改訂の経緯と要旨

　JEC-0221-1999（インパルス試験用ディジタルレコーダ　第1部　ディジタルレコーダに対する要求事項）は，IEC 61083-1（1991）（Digital recorders for measurements in high-voltage impulse tests, Part 1：Requirements for digital recorders）に準じて制定された。その後，IECではこの規格に対する改訂が進められ，2001年6月改訂版が発行された。このIEC規格では，対象測定器としてIEC 60790（1984）に記載されていたアナログオシロスコープおよび波高電圧計を取り入れるとともに，基準測定システムに使用されるディジタルレコーダについても新しく規定している。一方，電気学会高電圧試験標準特別委員会では，JEC-0221-1999の制定に続いて，IEC 60790（1984）に対応したアナログオシロスコープおよび波高電圧計に関するJECの制定準備を進めたが，当時のIECの審議動向（IEC 60790のIEC 61083-1への吸収）に鑑み，その具体化を保留した経緯がある。2001年のIEC改訂を機に，ようやく，インパルス電圧・電流試験用測定器を一括して規定するための諸情勢も整った。

　わが国においては，日本適合性認定協会による高電圧試験所，校正機関の認定制度が発足しており，インパルス電圧・電流測定に関する認定の基準としてJEC-0221は重要な位置を占めているので，IECの大幅な改訂に対してその早急な改訂が強く要求されていた。

　このような動向に対応して，当高電圧試験標準特別委員会は，IEC改訂版の発行とともに2001年12月JEC-0221の改訂作業に着手し，慎重審議の結果，2007年2月に成案を得て，2007年5月24日に電気規格調査会委員総会の承認を経て改訂したものである。

　改訂作業に際して留意したことは，技術的内容はIEC 61083-1（2001）に準拠しつつもJEC規格内容をその利用者にとって理解しやすくすることである。すなわち，本JECの利用者の多数は高電圧試験所で測定器を使用する立場の技術者であることを念頭に，測定器の使用者が実施しなければならない事項（性能試験および性能点検）を明確にして，それらを中心に規格本体を構成し，原則として測定器の製造者が実施する形式試験および受入試験については測定器の種類毎にまとめて附属書にまわす等の工夫をした。その結果，本JECの構成はIEC 61083-1（2001）のそれとは大きく異なったものとなっている。

　JEC-0221-1999に対する主要な改訂点は次のとおりである。

(1) JEC-0221-1999は，インパルス電圧・電流試験用ディジタルレコーダ（ディジタルオシロスコープを含む）のみの規格であったが，アナログオシロスコープおよび波高電圧計の規格を追加した。

(2) JEC-0221-1999は認可測定システムに使用するディジタルレコーダについてのみ規定していたが，基準

測定システムに使用する基準用ディジタルレコーダを規定に入れた。

また，IEC 61083-1（2001）と異なる点は以下の諸点である。

(1) 形式試験および受入試験は，IECでは本文に規定されているが，製造者が実施する試験（あるいは製造者より試験データを入手する）であるので，附属書に記述した。

(2) 測定器の性能試験において，試験対象とされる設定は，IECでは全設定と規定されているが，本規格では試験所の実態に合わせて，当該試験所で使用される設定だけでよいこととした。

(3) 測定器は通常シールドされた環境で用いられるので，測定器単独に適用される個別干渉妨害試験は削除した。代わりに測定システムの測定ケーブルを含めた干渉妨害試験（IEC 60060-2（1994）6.4項）を規定に含めた。

(4) 本規格で規定されている測定および測定器の総合不確かさを評価・算出するに際しての参考に供するため，本規格の巻末に参考「測定の不確かさの算出」を追加した。

2. 引用規格

JEC-0202-1994：インパルス電圧・電流試験一般

3. 対応国際規格

IEC 61083-1（2001）Instruments and software used for measurement in high-voltage impulse tests, Part-1：Requirements for instruments

4. 標準特別委員会

委員会名：高電圧試験標準特別委員会

委員長	西村	誠介	（横浜国立大学）	委　員	堀井	憲爾	（大同工業大学）
幹　事	小山	博	（東芝）	同	松浦	虔士	（松浦電力技術研究所）
同	里	周二	（宇都宮大学）	同	松山	亮	（日本AEパワーシステムズ）
同	和田	元生	（富士電機システムズ）	同	丸山	義雄	（元　古河電気工業）
委　員	井口	留司	（日本電気計器検定所）	同	宮本	憲繁	（中部電力）
同	柿花	邦彦	（関西電力）	同	八島	政史	（電力中央研究所）
同	川井	二郎	（エクシム）	同	山口	道夫	（経済産業省）
同	河村	達雄	（東京大学）	幹事補佐	日野	悦弘	（三菱電機）
同	小林	隆幸	（東京電力）	途中退任幹事	鎌田	譲	（日立製作所）
同	境	武久	（電源開発）	同	立花	好章	（三菱電機）
同	杣	謙一郎	（日立電線）	途中退任委員	相原	良典	（電力中央研究所）
同	立花	好章	（三菱電機）	同	荒川	克己	（日本ガイシ）
同	寺町	亨	（メジシス）	同	井上	正博	（日本電気計器検定所）
同	内藤	克彦	（名城大学）	同	入江	孝	（日本ガイシ）
同	錦織	康男	（工学院大学）	同	江川	武	（中部電力）
同	原田	達哉	（日本工業大学）	同	上戸	亮	（経済産業省）
	（2004年6月まで委員長）			同	栗原	晃雄	（経済産業省）
同	弘津	研一	（住友電気工業）	同	河野	照哉	（東京大学）
同	藤井	治	（日本ガイシ）	同	品川	潤一	（昭和電線電纜）

途中退任委員	武内 康夫	（関西電力）	途中退任委員	望月 政己	（明電舎）
同	鶴見 策郎	（元 東京理科大学）	同	吉野 昌冶	（資源エネルギー庁）
同	永井 一嘉	（中小企業総合事業団）	同	渡辺 明年	（フジクラ）
同	浜口 信明	（日新電機）	同	渡辺 和夫	（フジクラ）
同	村野 稔	（工学院大学）	途中退任幹事補佐	脇本 隆之	（日本工業大学）

5. 標準化委員会

委員会名：高電圧試験方法標準化委員会

委員長	河村 達雄	（東京大学）	委員	榊原 高明	（東芝）
幹事	松本 聡	（芝浦工業大学）	同	内藤 克彦	（名城大学）
委員	石井 勝	（東京大学）	同	長田 則昭	（関西電力）
同	井波 潔	（三菱電機）	同	西村 誠介	（横浜国立大学）
同	植田 俊明	（中部電力）	同	原田 達哉	（日本工業大学）
同	岡本 達希	（電力中央研究所）	同	弘津 研一	（住友電気工業）
同	川口 芳弘	（国士舘大学）	同	藤井 治	（日本ガイシ）
同	合田 豊	（電力中央研究所）	同	宮城 克徳	（日本AEパワーシステムズ）
同	河野 照哉	（東京大学）	同	八島 政史	（電力中央研究所）
同	小林 隆幸	（東京電力）	同	渡辺 和夫	（ビスキャス）

6. 部会

部会名：送配電部会

部会長	古谷 聡	（東京電力）	委員	坂本 雄吉	（工学気象研究所）
副部会長	松村 基史	（富士電機システムズ）	同	高須 和彦	（電力テクノシステムズ）
同	米沢比呂志	（関西電力）	同	西田 英司	（旭電機）
幹事	磯崎 正則	（東京電力）	同	西村 誠介	（日本工業大学）
委員	大崎 博之	（東京大学）	同	日髙 邦彦	（東京大学）
同	岡 圭介	（関東電気保安協会）	同	福島 章	（経済産業省）
同	尾崎 勇造	（電力中央研究所）	同	前川 雄一	（電源開発）
同	河村 達雄	（東京大学）	同	横山 明彦	（東京大学）
同	小島 泰雄	（フジクラ）	同	吉田 篤哉	（中部電力）
同	小林 昭夫	（東芝）	幹事補佐	皆川 郁靖	（東京電力）

7. 電気規格調査会

会長	鈴木 俊男	（電力中央研究所）	理事	小須田徹夫	（明電舎）
副会長	松瀬 貢規	（明治大学）	同	神野 厚英	（ジェイ・パワーシステムズ）
同	松村 基史	（富士電機システムズ）	同	鈴木 良博	（日本ガイシ）
理事	米沢比呂志	（関西電力）	同	相澤 幸一	（経済産業省）
同	大木 義路	（早稲田大学）	同	高橋 治男	（東芝）
同	片瓜 伴夫	（東芝）	同	滝沢 照広	（日立製作所）
同	近藤 良太郎	（日本電機工業会）	同	古谷 聡	（東京電力）

理　事	田生　宏禎	（電源開発）	2号委員	新畑　隆司	（日本電気計測器工業会）
同	海老塚　清	（三菱電機）	同	亀田　実	（日本電線工業会）
同	萩森　英一	（中央大学）	同	花田　悌三	（日本電球工業会）
同	渡邉　朝紀	（鉄道総合技術研究所）	3号委員	小田　哲治	（電気専門用語）
同	田井　一郎	（学会研究経営担当副会長）	同	大崎　博之	（電磁両立性）
同	石井　勝	（学会研究経営理事）	同	多氣　昌生	（人体ばく露に関する電磁界の評価方法）
同	村岡　泰夫	（学会専務理事）	同	加曽利久夫	（電力量計）
2号委員	奥村　浩士	（広島工業大学）	同	中邑　達明	（計器用変成器）
同	小黒　龍一	（九州工業大学）	同	小屋敷辰次	（電力用通信）
同	斎藤　浩海	（東北大学）	同	小山　博史	（計測安全）
同	鈴木　勝行	（日本大学）	同	小見山耕司	（電磁計測）
同	湯本　雅恵	（武蔵工業大学）	同	黒沢　保広	（保護リレー装置）
同	大和田野芳郎	（産業技術総合研究所）	同	澤　孝一郎	（回転機）
同	山本　典彦	（国土交通省）	同	細川　登	（電力用変圧器）
同	大房　孝宏	（北海道電力）	同	松村　年郎	（開閉装置）
同	村田　猛	（東北電力）	同	林　洋一	（パワーエレクトロニクス）
同	森　榮一	（北陸電力）	同	河本康太郎	（工業用電気加熱装置）
同	髙木　洋隆	（中部電力）	同	稲葉　次紀	（ヒューズ）
同	宇津木健太郎	（中国電力）	同	村岡　隆	（電力用コンデンサ）
同	石原　勉	（四国電力）	同	泉　邦和	（避雷器）
同	安元　伸司	（九州電力）	同	田生　宏禎	（水車）
同	鈴木　英昭	（日本原子力発電）	同	日高　邦彦	（UHV国際）
同	谷口　弘志	（新日本製鐵）	同	横山　明彦	（標準電圧）
同	澤本　尚志	（東日本旅客鉄道）	同	坂本　雄吉	（架空送電線路）
同	東濱　忠良	（東京地下鉄）	同	尾崎　勇造	（絶縁協調）
同	小山　茂	（松下電器産業）	同	高須　和彦	（がいし）
同	橘高　義彰	（日新電機）	同	河村　達雄	（高電圧試験方法）
同	筒井　幸雄	（安川電機）	同	小林　昭夫	（短絡電流）
同	赤井　達	（横河電機）	同	岡　圭介	（活線作業用工具・設備）
同	福永　定夫	（ジェイ・パワーシステムズ）	同	大木　義路	（電気材料）
同	三浦　功	（フジクラ）	同	神野　厚英	（電線・ケーブル）
同	浅井　功	（日本電気協会）	同	久保　敏	（鉄道電気設備）
同	井上　健	（日本電設工業協会）			

JEC-0221-2007

電気学会　電気規格調査会標準規格

インパルス電圧・電流試験用測定器に対する要求事項

目　　次

1. 適用範囲 ··· 9
2. 用語の意味 ·· 9
   2.1 測定器に共通の用語 ·· 9
      2.1.1 ディジタルレコーダ ··· 9
      2.1.2 アナログオシロスコープ ··· 10
      2.1.3 波高電圧計 ·· 10
      2.1.4 予熱時間 ··· 10
      2.1.5 使用範囲 ··· 10
      2.1.6 ディジタルレコーダの出力 ·· 10
      2.1.7 アナログオシロスコープの出力 ·· 10
      2.1.8 波高電圧計の出力 ··· 10
      2.1.9 オフセット ·· 10
      2.1.10 フルスケールの振れ ··· 10
      2.1.11 振幅の非直線性 ··· 10
      2.1.12 スケールファクタ ·· 10
      2.1.13 静的スケールファクタ ·· 10
      2.1.14 インパルススケールファクタ ·· 10
   2.2 ディジタルレコーダとアナログオシロスコープに共通の用語 ····································· 10
      2.2.1 時間スケールファクタ ··· 10
      2.2.2 タイムベースの非直線性 ·· 10
      2.2.3 立ち上がり時間 T_r ··· 11
      2.2.4 内部雑音 ··· 11
   2.3 ディジタルレコーダに特有の用語 ·· 11
      2.3.1 定格分解能 r ··· 11
      2.3.2 サンプリングレート ·· 11
      2.3.3 記録長 ·· 11
      2.3.4 基準線 ·· 11

2.3.5	量子化特性	11
2.3.6	量子化誤差	11
2.3.7	コード k	11
2.3.8	コード区間幅 $w(k)$	12
2.3.9	平均コード区間幅 w_0	12
2.3.10	コード遷移しきい値 $c(k)$	12
2.3.11	積分非直線性 $s(k)$	12
2.3.12	微分非直線性 $d(k)$	12
2.3.13	生データ	13
2.3.14	処理データ	13
2.4	試験の種類に関する用語	13
2.4.1	形式試験	13
2.4.2	受入試験	13
2.4.3	性能試験	13
2.4.4	性能点検	13
3.	**使 用 条 件**	13
4.	**測定器に要求される試験**	14
4.1	形式試験	14
4.2	受入試験	14
4.3	性能試験	14
4.4	性能点検	14
4.5	試験および点検に用いる校正装置	14
4.6	要求される試験項目	14
5.	**性 能 試 験**	16
5.1	インパルス校正	16
5.2	ステップ校正	16
5.2.1	インパルススケールファクタの決定	16
5.2.2	インパルススケールファクタの一定性	17
5.3	時間軸の校正	17
5.4	アナログオシロスコープの電圧偏向特性	18
5.5	干渉妨害試験	18
5.6	測定器の入力インピーダンス	18
6.	**性 能 点 検**	18
7.	**ディジタルレコーダ**	18
7.1	認可測定システムに用いるディジタルレコーダの総合不確かさ	18
7.1.1	総合不確かさ	18
7.1.2	個別要求事項	19

7.2	基準測定システムに用いるディジタルレコーダの要求事項		20
	7.2.1 総合不確かさ		20
	7.2.2 個別要求事項		20

8. アナログオシロスコープ ····· 20

8.1 認可測定システムに用いるアナログオシロスコープの要求事項 ····· 20
    8.1.1 総合不確かさ ····· 20
    8.1.2 個別要求事項 ····· 21

9. 波高電圧計 ····· 22

9.1 認可測定システムに用いる波高電圧計の要求事項 ····· 22
    9.1.1 総合不確かさ ····· 22
    9.1.2 個別要求事項 ····· 23

10. 性能記録 ····· 23

附属書 ····· 25

1. ディジタルレコーダの形式試験および受入試験 ····· 25
   1. 静的積分非直線性および静的微分非直線性試験 ····· 25
   2. 動的微分非直線性試験 ····· 27
   3. 時間軸の非直線性試験 ····· 27
   4. インパルス校正 ····· 28
   5. ステップ校正 ····· 28
   6. 立ち上がり時間試験 ····· 28
   7. 内部雑音試験 ····· 28

2. アナログオシロスコープの形式試験および受入試験 ····· 28
   1. 時間軸の非直線性試験 ····· 28
   2. インパルス校正 ····· 28
   3. ステップ校正 ····· 28
   4. 立ち上がり時間試験 ····· 28
   5. 内部雑音試験 ····· 28

3. 波高電圧計の形式試験および受入試験 ····· 28
   1. 電圧レンジの非直線性試験 ····· 28
   2. インパルス校正 ····· 29

4. アナログオシロスコープの校正方法 ····· 29

5. 高電圧試験所の電磁干渉妨害 ····· 29
   1. 一般事項 ····· 29
   2. 予防策 ····· 29
      2.1 電磁シールド ····· 29
      2.2 電源線からの誘導干渉妨害の減少 ····· 29
      2.3 信号線の干渉妨害の減少 ····· 30

	2.4　光学的手段による信号伝送	30
6.	インパルス電圧・電流波形の解析	30
1.	インパルス電圧・電流波形の解析	30
2.	ディジタル記録の平均曲線	30
3.	アナログ記録の平均曲線	31
4.	参照文書	31

参考	測定の不確かさの算出	32
1.	はじめに	32
2.	一般理論	32
	2.1　系統的寄与成分（タイプB）	32
	2.2　ランダムな寄与成分（タイプA）	33
	2.3　不確かさの寄与成分の間の相関	33
3.	総合不確かさ	33
	3.1　不確かさの寄与成分の合成	33
	3.2　系統的不確かさの推定	34
	3.3　ランダムな不確かさの推定	34
4.	総合不確かさ評価の手順	35
5.	測定値および推定された不確かさの表示法	35
6.	測定器の総合不確かさの評価例	36
	6.1　一般的事項	36
	6.2　波高値測定の不確かさ算出	36
	6.3　波頭長測定の不確かさ算出	37
	6.4　波尾長測定の不確かさ算出	37
7.	タイプA・タイプB二つの不確かさと総合不確かさの評価	38
8.	参照文書	38

解　　　　説		39
1.	ディジタルレコーダの概要	39
	1.1　ディジタルレコーダの構成	39
	1.2　A／D変換	40
2.	ディジタルレコーダの出力	42
3.	スケールファクタ	42
4.	微分非直線性	42
5.	試験の名称	42
6.	最高周波数	43

JEC-0221-2007

電気学会　電気規格調査会標準規格

インパルス電圧・電流試験用測定器に対する要求事項

1. 適 用 範 囲

　この規格は，インパルス電圧およびインパルス電流による試験において，測定のために使用するディジタルレコーダ，ディジタルオシロスコープ，アナログオシロスコープおよび波高電圧計（以下測定器と総称する）に適用する。本規格の主要点は次のとおりである。

(1) インパルス電圧およびインパルス電流試験において，測定に使用する測定器に特に関係のある用語を定義する。

(2) インパルス電圧およびインパルス電流試験のために必要な要求事項を満足することを保証するために，測定器に必要な要求事項を規定する。

(3) また，これらの要求事項を満たすために必要な試験と手順を規定する。

　備考 1.　ディジタルオシロスコープは，ディジタルレコーダに表示部，操作パネルなどの操作性を向上させるための機能を付加したものである。基本機能はディジタルレコーダと同等であり，本規格ではディジタルオシロスコープも含めてディジタルレコーダという。

　　　2.　一般に，インパルス電圧試験においては，インパルス電圧は分圧器により適当な振幅のインパルス電圧に分圧された後，測定器に入力される。また，インパルス電流試験においては，インパルス電流は電流－電圧変換器により適当な振幅のインパルス電圧に変換された後，ディジタルレコーダに入力される。したがって，本規格ではディジタルレコーダおよびアナログオシロスコープへの入力はすべてインパルス電圧として取り扱う。

　　　3.　この規格で扱う測定対象はインパルス電圧およびインパルス電流であるが，以下混同するおそれがない場合は，単にインパルスと略記する。

2. 用 語 の 意 味

2.1　測定器に共通の用語

2.1.1　ディジタルレコーダ　　　digital recorder (解説 1)

　インパルス電圧の一時的なディジタル記録ができるもので，さらにこのディジタル記録を永続的な記録に変換することができる装置。この永続的なディジタル記録は，アナログのグラフの形で表示されなければならない。

　なお，永続的な記録に変換する機能を持たないディジタルレコーダがある。この場合には，永続的な記録に

変換できる機能を持った装置を外部に接続して使用することにより，同等とみなすことができる。

2.1.2　アナログオシロスコープ　　analogue oscilloscope

インパルス高電圧あるいは大電流の一時的なアナログ記録を作り，永続的な記録に処理変換することができる装置。この永続的記録は，オシロスコープ画面上のグラフを写真の形で表示されなければならない。

2.1.3　波高電圧計　　peak voltmeter

波高点の近くで短時間オーバシュートあるいは高周波振動のない，なめらかなインパルスの波高値を測定できる測定器。

2.1.4　予熱時間　　warm up time

測定器の電源を入れてから，その測定器が使用条件を満足するようになるまでの時間。

2.1.5　使用範囲　　operating range

本規格に示されている不確かさの限度内で使用できる，測定器の入力電圧の範囲。

2.1.6　ディジタルレコーダの出力　　output of a digital recorder (解説2)

ある特定の瞬間（サンプリング時刻）にディジタルレコーダにより記録された数値。

2.1.7　アナログオシロスコープの出力　　output of a analogue oscilloscope

ある特定の瞬間におけるアナログオシロスコープの画面トレースの振幅。

2.1.8　波高電圧計の出力　　output of a peak voltmeter

波高電圧計の表示。

2.1.9　オフセット　　offset

入力ゼロに対する測定器の出力。

2.1.10　フルスケールの振れ　　full-scale deflection　f.s.d.

使用するレンジにおいて，測定器の公称最大出力を発生させる最小の入力電圧。本規格では，f.s.d.の記号で表示する。

2.1.11　振幅の非直線性　　non-linearity of amplitude

スケールファクタによって入力電圧を除して決定される公称値と，実際に出力される測定値との偏差。

　注　直流入力電圧に対する静的非直線性と，動的状態下の動的非直線性は異なることがある。

2.1.12　スケールファクタ　　scale factor (解説3)

入力量の測定値を決定するために，オフセット補正した出力に乗ずる係数。スケールファクタは測定器内部または外部の減衰器の比を含み，校正によって決定される。

2.1.13　静的スケールファクタ　　static scale factor

直流電圧入力に対するスケールファクタ。

2.1.14　インパルススケールファクタ　　impulse scale factor　i.s.f.

測定対象とするインパルス電圧・電流を代表する波形の入力に対するスケールファクタ。

2.2　ディジタルレコーダとアナログオシロスコープに共通の用語

2.2.1　時間スケールファクタ　　time scale factor

時間間隔の値を決定するために，測定記録の時間間隔に乗ずる係数。

2.2.2　タイムベースの非直線性　　non-linearity of time base

時間掃引（アナログオシロスコープ）あるいはディジタル記録の種々の部分で測定された時間スケールファ

クタと，それらの平均値からの偏差。

2.2.3 立ち上がり時間 T_r　　rise time T_r

入力端子に単位ステップ電圧を印加したときの測定器の応答波形において，出力が単位値の10％と90％に対応する部分の時間間隔。

2.2.4 内部雑音　　internal noise

熱雑音など，測定器自身で発生する雑音。

2.3 ディジタルレコーダに特有の用語

2.3.1 定格分解能 r　　rated resolution r

検出できる公称最小増分値。A/Dコンバータの定格ビット数を N とすると，定格分解能 r は 2^{-N} で表される。

2.3.2 サンプリングレート　　sampling rate

単位時間当たり取り込まれるサンプル数。すなわち，サンプリング時間間隔は，サンプリングレートの逆数である。

2.3.3 記録長　　record length

時間単位，またはサンプルの総数のいずれかで表現された記録の継続時間。

2.3.4 基準線　　base line

インパルス記録の本来の信号が入る前の平坦な部分のレコーダの出力値。記録の最初の平坦な部分における，全サンプル数の少なくとも5％以上の平均値。

2.3.5 量子化特性　　quantization characteristic

直流入力電圧と，ディジタルレコーダによるその記録コードとの関係を示す特性（図1参照）。

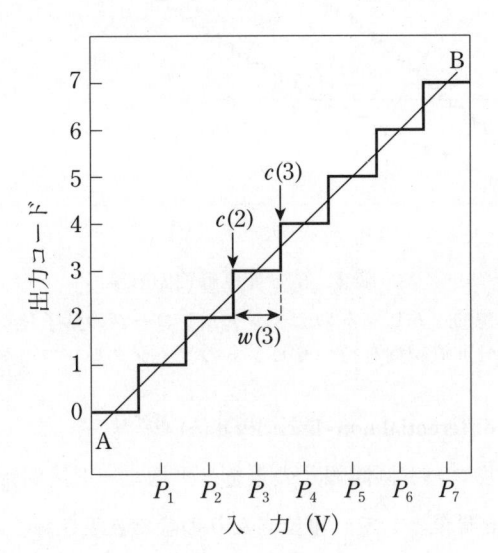

図1　理想的な3ビットのディジタルレコーダの量子化特性
コード遷移しきい値 $c(2)$，$c(3)$，コード区間幅 $w(3) = w_0$，
各コードの電圧 P_k，およびコード区間幅の中点を結ぶ直線 (AB) を示す。

2.3.6 量子化誤差　　quantization error

既知の入力電圧をスケールファクタで除した値と，それに最も近い出力コードとの差。

2.3.7 コード k　　code k

ディジタルレベルを識別するために用いられる整数値。

2.3.8 コード区間幅 $w(k)$　　code bin width $w(k)$

コード k に割り当てられる入力電圧の範囲（図1参照）。

2.3.9 平均コード区間幅 w_0　　average code bin width w_0

フルスケールの振れと定格分解能との積。平均コード区間幅は，静的スケールファクタにほぼ等しい。

2.3.10 コード遷移しきい値 $c(k)$　　code transition threshold $c(k)$

直流電圧を入力したときのディジタルレコーダからの出力コードの平均値が，コード k からコード $(k+1)$ へ変化する点。すなわち出力コードの平均値が $(k+1/2)$ になるときの直流入力電圧 $(c(k))$（図1および附図2参照）。

2.3.11 積分非直線性 $s(k)$　　integral non-linearity $s(k)$

測定した量子化特性と，静的スケールファクタに基づく理想的な量子化特性との対応する各点間の差（図2参照）。

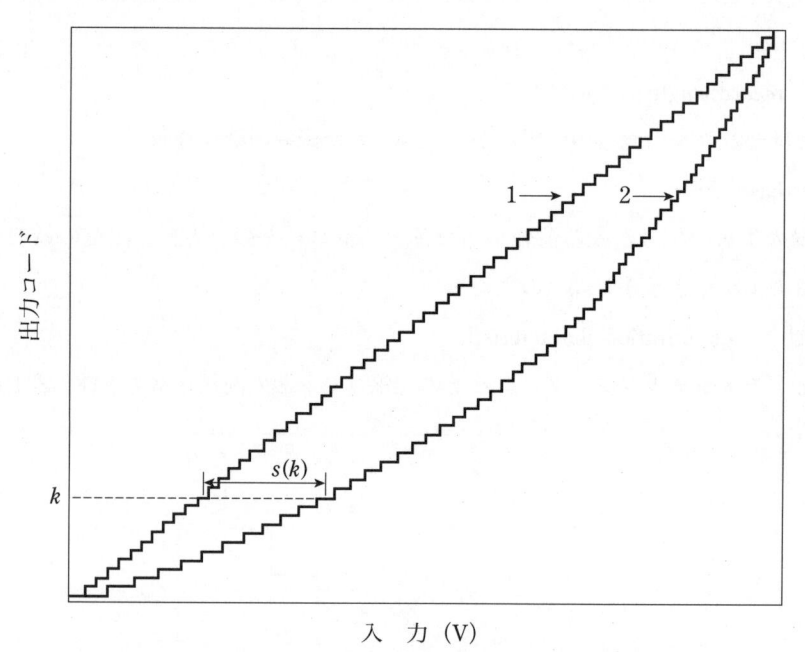

図2　積分非直線性 $s(k)$

曲線1：理想的な6ビットのディジタルレコーダの量子化特性。
曲線2：積分非直線性を持つ6ビットのディジタルレコーダの量子化特性。

2.3.12 微分非直線性 $d(k)$　　differential non-linearity $d(k)$ (解説4)

測定した各コード区間幅と平均コード区間幅との差を，平均コード区間幅で除したもの（図3参照）。微分非直線性は，平均コード区間幅を単位として，単位当たりの量で表現される。

$$d(k) = \frac{w(k) - w_0}{w_0}$$

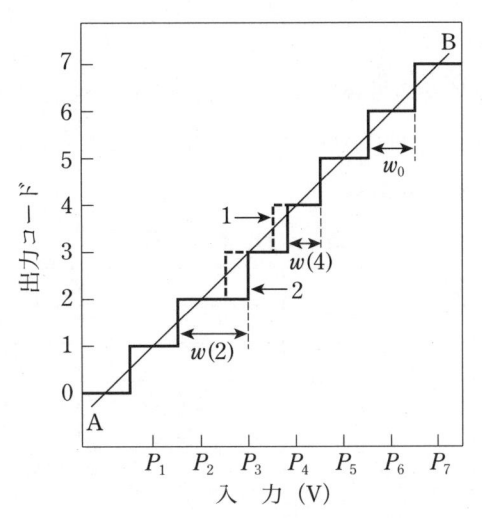

図3 直流電圧に対する微分非直線性 $d(k)$
曲線1：理想的な3ビットのディジタルレコーダの量子化特性。
曲線2：出力2，3および4で微分非直線性を持ったディジタルレコーダの量子化特性。

2.3.13 生データ　　raw data

ディジタルレコーダが，アナログ信号をディジタル形式に変換するときに得られるサンプルされ量子化された情報の原記録。ただし，オフセットに対する補正や，一定のスケールファクタを乗ずるような処理をされた記録は生データとみなす。

　注　生データにアクセスできないディジタルレコーダは，本規格の適用範囲外である。

2.3.14 処理データ　　processed data

生データになんらかの処理（オフセットに対する補正や一定のスケールファクタの乗算を除く）をして得られたデータ。

2.4 試験の種類に関する用語 (解説5)

2.4.1 形式試験

その形式についての諸性能がこの規定を満足することを検証するために，新たに開発・改良された製品の代表について行う試験。

2.4.2 受入試験

個々の取引について受入の可否を判定するために，製品受入にあたって行う試験。

2.4.3 性能試験

使用条件下での性能を定期的に調べるために行う試験。

2.4.4 性能点検

最近の性能試験の結果が未だ有効であることを確認するために行う簡易な試験。

3. 使 用 条 件

測定器が満足に動作し，かつ，校正されていれば，本規格で規定される総合不確かさを満足するべき使用条件

の範囲を表1に示す。

表1の範囲を満足しない例外事項がある場合には，その旨を明白に性能記録に記述すること。

もし，表1に規定する範囲と異なる条件でやむをえず動作させる場合には，測定器の動作に悪影響がないことを確認するなど特別の注意を払う必要がある。

表1　通常動作条件

動作条件		範囲
周囲環境	温　度	+5℃[(1)] ～ +40℃
	相対湿度	10% ～ 90%
主電源	電　圧	定格電圧 ± 10%（実効値） 定格電圧 ± 12%（交流波高値）
	周波数	定格周波数 ± 5%

注(1)　最近のディジタルレコーダでは，動作範囲を0℃からとしている機種がある。そのような測定器では0℃から本規格を適用しても差し支えない。

4. 測定器に要求される試験

4.1 形式試験

形式試験は，1シリーズの測定器のうちの1台に対して，測定器の製造者により実施されるべき試験である。

備考　形式試験の結果が測定器の製造者から得られない場合には，その測定器の使用者によって試験が行われなければならない。

4.2 受入試験

受入試験は，各測定器について，測定器の製造者により実施されるべき試験である。また，測定器の修理の後にも受入試験を実施しなければならない。

備考　受入試験の結果が測定器の製造者から得られない場合には，その測定器の使用者によって試験が行われなければならない。

4.3 性能試験

性能試験は，新品の測定器それぞれに対して，また1年ごとに使用者により実施される試験である。測定器の性能試験は，性能点検によってインパルススケールファクタの値が1%を超えて変化した場合にも要求される。試験データおよび結果は性能記録として残すこと。

4.4 性能点検

性能点検は，測定器の安定性を考慮した適切な時間間隔で，使用者により実施される点検(簡単な試験)である。

4.5 試験および点検に用いる校正装置

これらの試験および点検におけるすべての校正装置は，直接あるいは間接に，国際標準または国家標準もしくはそれに準ずるものにトレーサブルで，その校正手順は記録されなければならない。

4.6 要求される試験項目

ディジタルレコーダ，アナログオシロスコープおよび波高電圧計に要求される試験項目を表2，表3および表

4に示す。形式試験および受入試験は測定器の製造者により実施される試験であるので，それらの試験手順は附属書1～3に示した。性能試験および性能点検の手順は本文に規定した。

表2 ディジタルレコーダに要求される試験

要求される試験	形式試験	受入試験	性能試験	性能点検
静的積分非直線性	○			
静的微分非直線性	○			
動的微分非直線性		○		
時間軸の非直線性	○			
インパルス校正（インパルススケールファクタの決定と時間パラメータの校正）		◎	□	□
ステップ校正（インパルススケールファクタの決定とその一定性の検証）		◎	□	□
立ち上がり時間	◎			
内部雑音レベル	○			
干渉妨害			○	

○：入力減衰器の一設定で試験
◎：入力減衰器の各設定で試験
□：試験に使用する設定で試験

表3 アナログオシロスコープに要求される試験

要求される試験	形式試験	受入試験	性能試験	性能点検
電圧偏向の非直線性			○	
時間軸の非直線性	○		○	
インパルス校正（インパルススケールファクタの決定と時間パラメータの校正）		◎	□	□
ステップ校正（インパルススケールファクタの決定とその一定性の検証）		◎	□	□
立ち上がり時間	◎			
干渉妨害			○	

○：入力減衰器の一設定で試験
◎：入力減衰器の各設定で試験
□：試験に使用する設定で試験

表4 波高電圧計に要求される試験

要求される試験	形式試験	受入試験	性能試験	性能点検
電圧レンジの非直線性	○			
インパルス校正（インパルススケールファクタの決定と時間パラメータの校正）		◎	□	□
干渉妨害			○	

○：入力減衰器の一設定で試験
◎：入力減衰器の各設定で試験
□：試験に使用する設定で試験

5. 性能試験

5.1 インパルス校正

インパルス校正は，ディジタルレコーダ，アナログオシロスコープおよび波高電圧計のインパルススケールファクタを決定する基準法である。また，ディジタルレコーダとアナログオシロスコープの記録から読み取った時間パラメータを校正する基準法でもある。

インパルス校正は，波高値と時間パラメータが既知の校正インパルスを印加し，その出力を測定して校正する方法である。認可測定システムに用いる測定器の校正のための，校正インパルス発生器に対する要求事項を表5に示す。測定する高電圧または大電流インパルスの種類にしたがって，表5から波形を選択する。校正するインパルスの極性は，測定するインパルスと同一で，波高値と時間パラメータは表5の範囲内になければならない。

波高値 V_s，時間パラメータ T_s（波頭長，波尾長など）の校正インパルスを，少なくとも10回印加し，各回の出力 V_n，T_n を記録して，それらの平均値 V_m，T_m を求める。

各 V_n の V_m からの偏差は，V_m の1%未満，各 T_n の T_m からの偏差は T_m の2%未満でなければならない。

インパルススケールファクタは，入力の波高値 V_s を出力の平均波高値 V_m で除した値である。時間スケールファクタの校正係数は，T_s を T_m で除して求められる。

表5 校正インパルス発生器に対する要求事項

インパルスの種類	測定パラメータ	範 囲[1]	不確かさ(%)[2]	短期安定性(%)[3]
全波および標準裁断波雷インパルス電圧	波頭長	0.8 μs から 0.9 μs	≤ 2	≤ 0.5
	波尾長	55 μs から 65 μs	≤ 2	≤ 0.2
	波高値	使用レンジ内	≤ 0.7	≤ 0.2
波頭裁断波雷インパルス電圧	裁断までの時間	0.45 μs から 0.55 μs	≤ 2	≤ 1
	波高値	使用レンジ内	≤ 1	≤ 0.2
開閉インパルス電圧	波頭長	15 μs から 300 μs	≤ 2	≤ 0.2
	波尾長	2 600 μs から 4 200 μs	≤ 2	≤ 0.2
	波高値	使用レンジ内	≤ 0.7	≤ 0.2
方形波インパルス電流[4]	継続時間	0.5 ms から 3.5 ms	≤ 2	≤ 0.5
	波高値	使用レンジ内	≤ 2	≤ 1

注(1) この範囲内のどれか一つの波形を発生できればよい。使用レンジとは測定器の測定レンジを示す。
(2) 不確かさについては，当該校正インパルス発生器の校正証明書に記載されている不確かさの値。
(3) 短期安定性は，連続する少なくとも10個の測定値の実験標準偏差である。
(4) 二重指数関数型インパルス電流に対しては，全波雷インパルス電圧で校正してもよい。

5.2 ステップ校正

ステップ校正は，ディジタルレコーダおよびアナログオシロスコープのインパルススケールファクタの値の決定と，その一定性を検証する校正法である。

5.2.1 インパルススケールファクタの決定

測定器の使用範囲内で，0.1%の不確かさで既知である直流電圧 V をその入力に印加し，湿式水銀リレーのような適切な投入装置によって短絡接地する。そのとき発生するゼロレベルへの過渡現象（ステップ応答）を

出力 $O(t)$ として図4のように記録し，表6に示す時間間隔内で評価する。

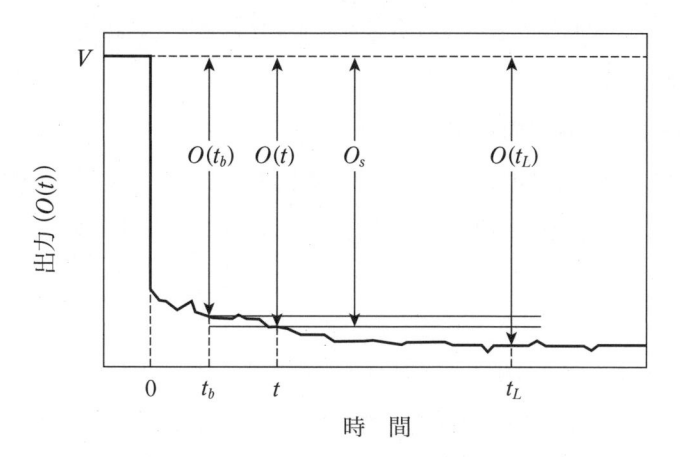

図4 ステップ校正（ステップ応答）波形

表6 図4の t_b および t_L

測定対象インパルス	t_b	t_L
全波雷インパルス電圧[1]	$0.5T_1$	$T_{2\max}$
波頭裁断波インパルス電圧[2]	$0.5T_c$	T_c
開閉インパルス電圧および10/350 μs インパルス電流[3]	$0.5 T_{cr}$	$T_{2\max}$
方形波インパルス電流[4]	$0.5 (T_t - T_d)$	T_t

（この範囲内のどれか一つの波形で発生できればよい）

注[1] T_1 は波頭長，$T_{2\max}$ は波尾長の最大値。
　[2] T_c は裁断までの時間。
　[3] T_{cr} は波頭長，$T_{2\max}$ は波尾長の最大値。
　[4] T_t は電流全継続時間，T_d は電流波高値継続時間
（JEC-0202-1994「インパルス電圧・電流試験一般」参照）

ランダムな雑音を減少するため数個の応答を平均してもよい。前記の時間間隔内で $O(t)$ の平均 O_s を求める。

各 $O(t)$ の O_s からの偏差は，$t_b \sim t_L$ 間で O_s の±1%以内でなければならない。少なくとも10個のステップの記録がこの方法で評価されなければならない。10個の O_s の各々の値は，それらの総合平均値 O_{sm} からの偏差が O_{sm} の±1%以内でなければならない。

インパルススケールファクタは，入力電圧 V を O_{sm} で除して求められる。ステップの立ち上がり時間は，規定された時間間隔の低い限界の10%未満でなければならない。

このステップ校正は，試験に用いる各レンジについて，正負両極性を用いて実施されなければならない。正負両極性のスケールファクタが±1%以内で一致するならば，この方法は有効である。もし一致しない場合には，適切な極性でインパルス校正を行わなければならない。ステップ校正では，時間パラメータの校正はできないので，別途 **5.3** の時間軸の校正を行う必要がある。

5.2.2 インパルススケールファクタの一定性

5.2.1 で記録されたステップ応答の安定レベルは，表6に示された時間間隔内でインパルススケールファクタに規定された限度内（認可測定システム用±1%，基準測定システム用±0.5%以下）で一定でなければならない。

5.3 時間軸の校正

測定器の時間軸は，タイムマーク発生器あるいは高周波発振器によって校正される。時間スケールファクタの

値は，時間掃引のほぼ20％，40％，60％，80％および100％の記録から測定されなければならない。この時間軸の校正は，試験に用いる各サンプリングレート（ディジタルレコーダ），各時間掃引（アナログオシロスコープ）において実施されなければならない。

5.4 アナログオシロスコープの電圧偏向特性

フルスケールの振れの0％，10％，20％，…，100％の直流電圧を，オシロスコープに印加し，各入力電圧に対する垂直の振れを測定する。垂直方向の振れと入力の関係が電圧偏向特性であり，これから電圧偏向係数が決定される。

5.5 干渉妨害試験

測定システムに接続された測定器に対する干渉妨害を評価するために実施する。

この干渉妨害試験においては，測定回路（接地，測定ケーブル，制御用ケーブル，電源ケーブルなどの配置）および高電圧回路（インパルス発生器，波頭調整コンデンサ，裁断装置，分圧器などの位置）は，高電圧試験時の条件と可能な限り同じでなければならない。ただし，供試物は含めなくてよい。

測定ケーブルは，入力端（分圧器の低圧側）において短絡する。

測定器が，適切な時間においてトリガされるように設定し，インパルス発生器を充電／起動して試験を行いそのときの出力を記録する。測定ケーブルを入力端で短絡しない場合の測定システムの出力に対する比を求める（**IEC 60060-2**（1994）6.4項参照）。

干渉妨害の予防策については，附属書5に示した。

5.6 測定器の入力インピーダンス

測定器の入力インピーダンスは，±2％以内で同軸ケーブルの公称インピーダンス値と整合する値（一般に50Ωあるいは75Ω）か，50 pF以下の容量が並列に接続された1 MΩ以上であることが望ましい。

注　両入力インピーダンスを併設する測定器が推奨される。

6. 性能点検

性能点検は，測定器の安定性を考慮した適切な時間間隔で，インパルス校正またはステップ校正によりインパルススケールファクタを点検する。インパルススケールファクタが1％以上変化した場合には，性能試験を実施する。

7. ディジタルレコーダ

7.1 認可測定システムに用いるディジタルレコーダの総合不確かさ

7.1.1 総合不確かさ[参考]

認可測定システムに用いるディジタルレコーダに要求される総合不確かさ（95％以上の信頼水準）を**表7**に

示す。この総合不確かさが所定の要件を満たしていることは，当該ディジタルレコーダを用いたインパルス試験のたびごとに校正インパルス発生器により確かめることができる。ディジタルレコーダは少なくとも試験が受け入れられるまで，生データを保持していなければならない。

表7 インパルス測定の総合不確かさ

測定波形	総合不確かさ[1]	
	波高値	時間パラメータ[2]
全波および標準裁断波雷インパルス電圧，インパルス電流 開閉インパルス電圧 方形波インパルス電流	≤ 2%	≤ 4%
波頭裁断波雷インパルス電圧	≤ 3%	≤ 4%

注(1) 総合不確かさについては，**参考**を参照。
 (2) 時間パラメータとは，波頭長，波尾長，裁断までの時間など。

7.1.2 個別要求事項

総合不確かさを**表7**に示す限度内に留めるために，各寄与成分に対して一般に下記の限度を満足することが望ましい。しかし，いくつかの寄与成分がこれらの限度を超えても，総合不確かさが**表7**の限度内にあれば許容される。

(1) サンプリングレート

サンプリングレートは $30/T_X$ 以上。ここに T_X は測定対象時間であり，例えば波頭長測定においては，波高値の30，90%に到達する時刻を各々 t_{30}，t_{90} とすれば，$T_X = t_{90} - t_{30}$ で定められる。雷インパルス電圧の波頭における振動を測定するためには，$6f_{max}$ のサンプリングレートが少なくとも必要である。ここに f_{max} は測定システムで再現記録可能な波頭振動の最高周波数である[解説6]。

(2) 定格分解能

インパルスパラメータの評価を行う試験には，2^{-8} 以上の定格分解能（f.s.d. の0.4%）が必要である。それ以外の信号処理を伴う試験に対しては，2^{-9} 以上の定格分解能（f.s.d. の0.2%）のディジタルレコーダが望ましい。

(3) 立ち上がり時間

立ち上がり時間は，T_X の3%以下，雷インパルスの波頭における重畳振動を測定するためには，15 ns 以下。

(4) 振幅の非直線性

静的積分非直線性は，f.s.d. の ±0.5%以内，静的および動的微分非直線性は ±0.8 w_0 以内。

(5) 時間軸の非直線性

積分非直線性は T_X の0.5%以下。

(6) 内部雑音レベル

波形パラメータの測定に対して f.s.d. の0.4%未満。信号処理を伴う測定に対して f.s.d. の0.1%未満。

(7) 使用レンジ

使用レンジの下限は f.s.d. の $4/N$ 以上。ただし，ここに N はビット数である。

(8) インパルススケールファクタ

インパルススケールファクタの不確かさは1%以下。また，**表6**に示す時間間隔内で ±1%以内で一定。

(9) 干渉妨害

　　干渉妨害試験における最大の振れは，インパルス試験に用いる同一レンジにおいて，f.s.d. の 1％未満。

7.2 基準測定システムに用いるディジタルレコーダの要求要項

7.2.1 総合不確かさ^(参考)

基準測定システムに用いるディジタルレコーダに要求される総合不確かさ（95％以上の信頼水準）を表 8 に示す。この総合不確かさが所定の要件を満たしていることは，当該ディジタルレコーダを用いたインパルス試験のたびごとに校正インパルス発生器により確かめることができる。

表 8　インパルス測定の総合不確かさ

測定波形	総合不確かさ[1] 波高値	総合不確かさ[1] 時間パラメータ[2]
全波および標準裁断波雷インパルス電圧，インパルス電流 開閉インパルス電圧 方形波インパルス電流	≤ 0.7%	≤ 3%
波頭裁断波雷インパルス電圧	≤ 2%	≤ 3%

注(1)　総合不確かさについては，参考を参照。
　(2)　時間パラメータとは，波頭長，波尾長，裁断までの時間など。

7.2.2 個別要求事項

7.1.2 で与えられる個別要求事項の他に，以下の要求事項も満足しなければならない。

(1) 波頭裁断波雷インパルス電圧測定に対しては，サンプリングレートは 100×10^6/s 以上。

(2) 使用レンジの下限は f.s.d. の $6/N$ 以上。

(3) インパルススケールファクタの不確かさは 0.5％以内。また，表 6 の時間間隔内で ± 0.5％以内で一定。

(4) 干渉妨害試験における最大の振幅は，インパルス試験における同一レンジにおいて，f.s.d. の 0.5％未満。

8. アナログオシロスコープ

8.1 認可測定システムに用いるアナログオシロスコープの要求事項

8.1.1 総合不確かさ^(参考)

認可測定システムに用いるアナログオシロスコープに要求される総合不確かさ（95％以上の信頼水準）を表 9 に示す。この総合不確かさが所定の要件を満たしていることは，当該アナログオシロスコープを用いたインパルス試験のたびごとに校正インパルス発生器により確かめることができる。

表9 インパルス測定の総合不確かさ

測定波形	総合不確かさ[1]	
	波高値	時間パラメータ[2]
全波および標準裁断波雷インパルス電圧，インパルス電流 開閉インパルス電圧 方形波インパルス電流	≦2%	≦4%
波頭裁断波雷インパルス電圧	≦3%	≦4%

注(1) 総合不確かさについては，**参考**を参照。
 (2) 時間パラメータとは，波頭長，波尾長，裁断までの時間など。

すべての校正は，実際の試験時に用いるのと同一のカメラ（またはディジタルカメラ）を使用して実施されなければならない。拡大，ズーム調整が可能な場合は，校正と試験の間で変更があってはならない。

8.1.2 個別要求事項

総合不確かさを**表9**に示す限度内に留めるために，各寄与成分に対して一般に下記の限度を満足することが望ましい。しかし，いくつかの寄与成分がこれらの限度を超えても，総合不確かさが**表9**の限度内にあれば許容される。

(1) 使用レンジ

電圧および時間パラメータを，**表9**の総合不確かさで測定でき，以下の個別要求を満足する範囲。

(2) 電圧偏向の非直線性

使用レンジの1%以下。1%より大きい場合には，**表9**の不確かさで校正ができるよう校正インパルス（**図5**）あるいは校正トレース（**図6**）が，測定オシログラフとともにオシログラフ上に表示されなければならない。**図6**による校正手順の詳細は**附属書4**に示す。

(3) 時間軸の積分非直線性

測定される時間間隔 T_X の2%以下。

(4) インパルススケールファクタ

インパルススケールファクタは，1%以下の不確かさで決定され，**表6**に示す時間間隔内で±1%以内で一定。

(5) 立ち上がり時間

立ち上がり時間は，測定される時間間隔 T_X の3%以下，雷インパルスの波頭における重畳振動を測定するためには，15 ns以下。

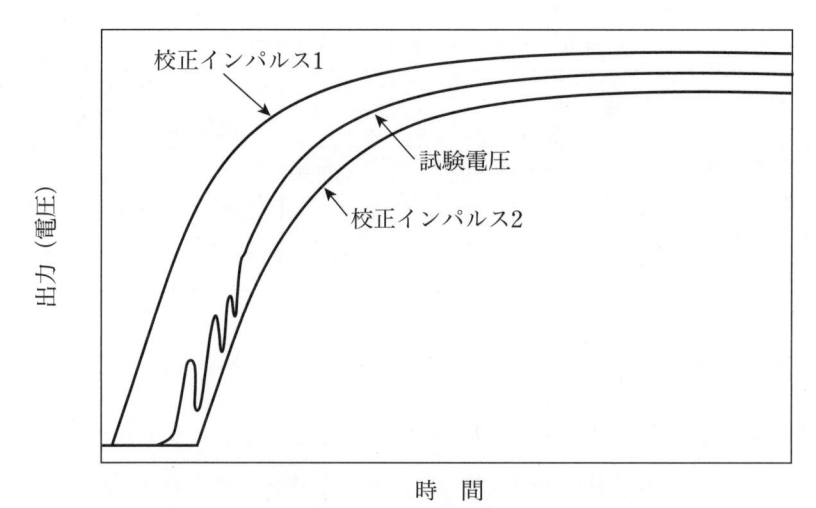

(3つの記録は，図を明確にするために時間軸をずらしている)
校正インパルス1と校正インパルス2より試験電圧を按分比例により求める。
校正インパルスとしてはピーク値が試験電圧よりやや大きいもの（校正インパルス1）とやや小さいもの（校正インパルス2）を用いる。

図5　比較による校正

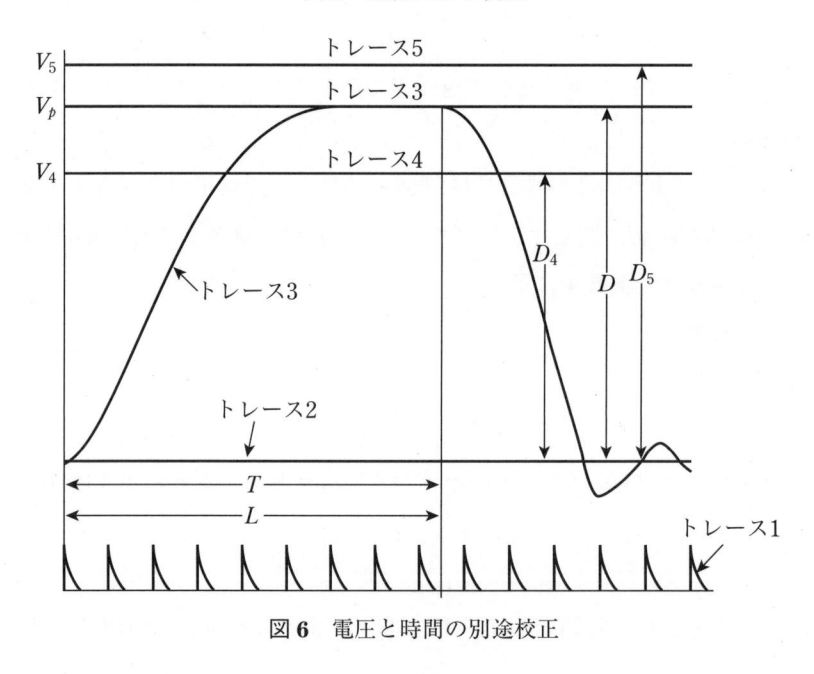

図6　電圧と時間の別途校正

9. 波高電圧計

9.1　認可測定システムに用いる波高電圧計の要求事項

9.1.1　総合不確かさ (参考)

認可測定システムに用いる波高電圧計に要求される総合不確かさ（95%以上の信頼水準）を**表10**に示す。この総合不確かさが所定の要件を満たしていることは、当該波高電圧計を用いたインパルス試験のたびごとに校正インパルス発生器により確かめることができる。波高電圧計はインパルスの最高電圧を測定するが，短時

― 22 ―

間オーバシュートや高周波振動が重畳する場合には，最高電圧が試験電圧を示さない場合がある。このため，波高電圧計はこれらの成分を含まず，かつ滑らかであることが明らかなインパルス電圧の測定に対してのみ用いられる。実際には波高電圧計の指示を補正できるよう，並列にディジタルレコーダなどを使用する必要がある。

表 10　インパルス測定の総合不確かさ

測　定　波　形	総合不確かさ[1]
	波高値
全波および標準裁断波雷インパルス電圧，インパルス電流 開閉インパルス電圧	≤ 2%
波頭裁断波雷インパルス電圧	≤ 3%

注[1]　総合不確かさについては，参考を参照。

9.1.2　個別要求事項

総合不確かさを表 10 に示す限度内に留めるために，各寄与成分に対して一般に下記の限度を満足することが望ましい。しかし，いくつかの寄与成分がこれらの限度を超えても，総合不確かさが表 10 の限度内にあれば許容される。

(1)　使用レンジ

インパルス電圧波高値を表 10 の総合不確かさで測定でき，以下の個別要求を満足する電圧レンジ。

(2)　電圧レンジの非直線性

電圧レンジの非直線性は，使用レンジ内で 1% 以下。

(3)　インパルススケールファクタ

インパルススケールファクタは，1% 以下の不確かさで決定されなければならない。さらに，波高電圧計に対し規定された読み取り保持時間の間，± 1% 以内で安定でなければならない。

10.　性　能　記　録

各測定器の性能の記録は，表 11 に示す情報を含まねばならない。

表 11　性能記録

	ディジタルレコーダ	アナログオシロスコープ	波高電圧計
定格特性	(1) 識別（製造番号など） (2) 定格分解能 (3) 入力電圧の範囲 (4) 波形の範囲 (5) サンプリングレートの範囲 (6) 最大記録長 (7) トリガ能力 (8) 入力インピーダンス (9) 予熱時間 (10) 使用状態の範囲	(1) 識別（製造番号など） (2) 掃引時間の範囲 (3) 入力電圧の範囲 (4) 波形の範囲 (5) 使用レンジ（有効画面領域） (6) 組込み校正器 (7) 入力インピーダンス (8) 予熱時間 (9) 使用状態の範囲	(1) 識別（製造番号など） (2) 定格分解能（適用される場合） (3) 入力電圧の範囲 (4) 波形の範囲 (5) 使用レンジ (6) 読み込み保持時間（適用される場合） (7) 入力インピーダンス (8) 予熱時間 (9) 使用状態の範囲
試験結果	(1) 形式試験の結果 (2) 受入試験の結果 (3) 性能試験の日時と結果 (4) 性能点検の日時と試験合否（否の場合には，取られた処置）		

附 属 書

附属書1. ディジタルレコーダの形式試験および受入試験

1. 静的積分非直線性および静的微分非直線性試験

ディジタルレコーダのコード区間幅の 1/10 から 1/4 程度の小さな電圧 ΔV で段階的に上昇でき，直線性が良く，安定度が ΔV より十分小さい直流電源を用意する。この電源を用いて以下の手順で試験を実施する。

(1) ディジタルレコーダで記録することができる最小電圧よりもわずかに低い（定格フルスケール電圧の約 2%）初期電圧 $V(i)$ を印加する。記録をとり，入力電圧を $V(i)$ として，またその出力の平均値を $A(i)$, $i = 1$ として記憶させる。

(2) フルスケール電圧と定格分解能との積に比較して，小さい増加分（ΔV）だけ入力電圧を上昇する。この増加分は，平均コード区間幅の 1/10 から 1/4 の間であることが望ましい。記録をとり，入力電圧を $V(i+1)$ とし，またその記録の平均値を $A(i+1)$ として記憶させる。

(3) 電圧の同じ増加分を用い，i を1ずつ増加して，ディジタルレコーダのフルスケールの振れを生ずるのに必要な電圧まで繰り返す。入力電圧 $V(i)$ と，記録された平均値 $A(i)$ を記憶させる。

出力コード k と $(k+1)$ の間における各段階を附図1に示す。a) より電圧を ΔV 毎上昇していくと，その平均値 $A(n)$ も増加する。

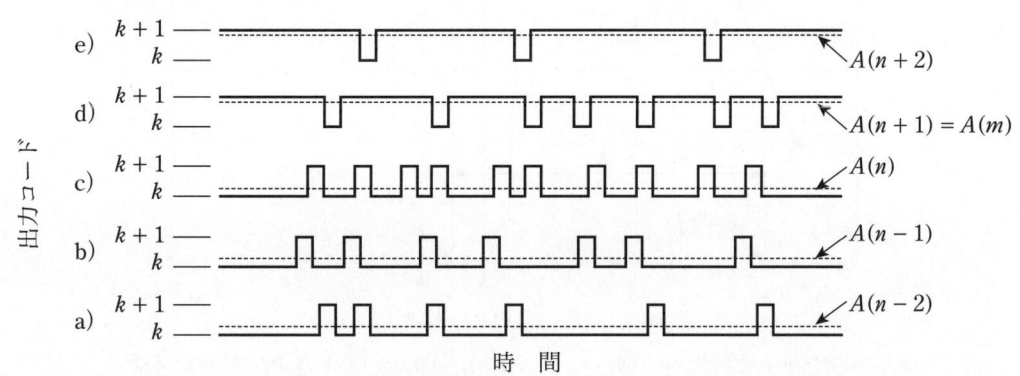

入力 a) から ΔV 毎上昇させたときの時間対出力コードの関係図。図の出力コードは，ディジタルレコーダの LSB（最小 bit）であり，ΔV 毎上昇したときのそれぞれの状態を表したもの。アナログ量 c) に対して，b) の出力コードは c) より Low（出力コード k）の時間が長く，a) は b) より Low の時間が長く，d) の出力コードは c) より High（出力コード $k+1$）の時間が長く，e) は d) より High の時間が長くなる。結論的には，コード区間幅内では各出力コードの平均値（点線）は入力値とおおよそ比例して増加していることを表している。

附図1 非直線性試験における直流入力電圧と出力コード (LSB)

(4) もし $A(i)$ が目盛付けされている（例えばボルト）ならば，理想的なしきい値は次式から計算される。

$$T(k) = \frac{\text{f.s.d.}}{2^N}\left(k + \frac{1}{2}\right)$$

― 25 ―

もし $A(i)$ が目盛付けされていない（例えば A/D コンバータの出力コードの平均値）ならば，理想的なしきい値は次式から与えられる。

$$T(k) = k + \frac{1}{2}$$

ここで N はビット数，k は 2 進コード（0 から $2^N - 1$ まで）

(5) コード k からコード $(k+1)$ への，実際の各コード遷移しきい値を定める（附図 2 参照）。

a) $A(n)$ が $T(k)$ 以下である n の最大値に対する $A(n)$ を見出す。

b) $A(m)$ が $T(k)$ より大きい $m > n$ の範囲の m の最小値に対する $A(m)$ を見出す。

c) コード k からコード $(k+1)$ へのコード遷移しきい値は，線形補間により次式で求められる。

$$c(k) = V(n) + \frac{T(k) - A(n)}{A(m) - A(n)} \bigl[V(m) - V(n)\bigr]$$

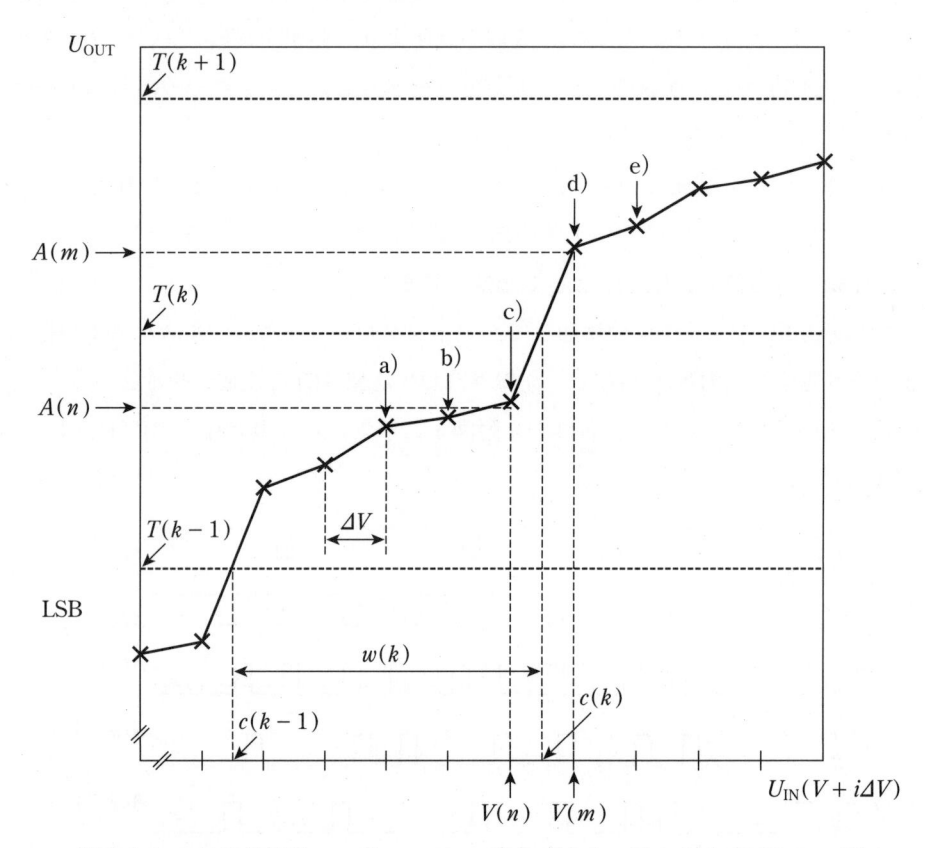

測定された量子化特性の一部，n, m, $A(n)$, $A(m)$, $V(n)$ および $V(m)$。k 番目のコード遷移しきい値 $c(k)$ は，$(V(n), A(n))$ と $(V(m), A(m))$ とを結んだ線と，k 番目のしきい値 $T(k)$ との交点。

附図 2　非直線性の決定

(6) 各コード区間幅 k の中央電圧を $p(k)$ とする。それはレベル k を示す二つのコード遷移しきい値の平均である。

$$p(k) = \frac{1}{2}\bigl[c(k) + c(k-1)\bigr]$$

各コード区間幅 $w(k)$ は，

$$w(k) = c(k) - c(k-1)$$

静的スケールファクタ F_s を求める。

$$F_s = \frac{p(k_2) - p(k_1)}{k_2 - k_1}$$

ここで，$(k_2 - k_1)$ は，2^N の 90% 以上にとる。

次式から各コード区間幅に対する静的積分非直線性 $s(k)$ を求める。

$$s(k) = p(k) - p(k_1) - (k - k_1)F_s$$

フルスケールに対する百分率に変換すると，

$$S(k) = 100\% \times \frac{s(k)}{\max[A(i)] - \min[A(i)]}$$

各コード区間幅に対する直流電圧状態下の微分非直線性 $d(k)$ を求める。

$$d(k) = \frac{w(k) - F_s}{F_s}$$

備考　微分非直線性が ±0.8 以内のとき，すべてのコード区間幅 $w(k)$ は，平均コード区間幅 w_0 の (1 ± 0.8) の範囲にある。つまり，$0.2w_0 < w(k) < 1.8w_0$ であることを示す。一般に，微分非直線性は一つのコードから次のコードまでの変化であり，記録された信号の変化の割合の関数である。

注　与えられたレンジに対して測定された積分および微分非直線性は，すべてのレンジを代表している。減衰器の影響はインパルスまたはステップ校正によって決定される。

2. 動的微分非直線性試験

フルスケールの $(95 \pm 5)\%$ の範囲内の振幅を持った対称な三角波電圧を印加する。三角波電圧の傾斜は f.s.d. $/(0.4T_X)$ 以上であること。周波数はサンプリング周波数と非同期な関係とする。

この波形を取り込み，各出力コードの発生ヒストグラムを計算する。これを M 回行い累積ヒストグラムを計算する。一般に，この方法により，概略平坦なレベルの両端に大きな値を持った形のヒストグラム曲線が得られる。ただし，平坦な部分はフルスケール値の 80% 以上でなければならない。平坦な部分の平均値からの各ポイントとの差をとって平均値で除したものが微分非直線性である。

M は，累積ヒストグラムの平均度数値が 100 以上になるように，十分大きな値でなければならない（附図 3 参照）。

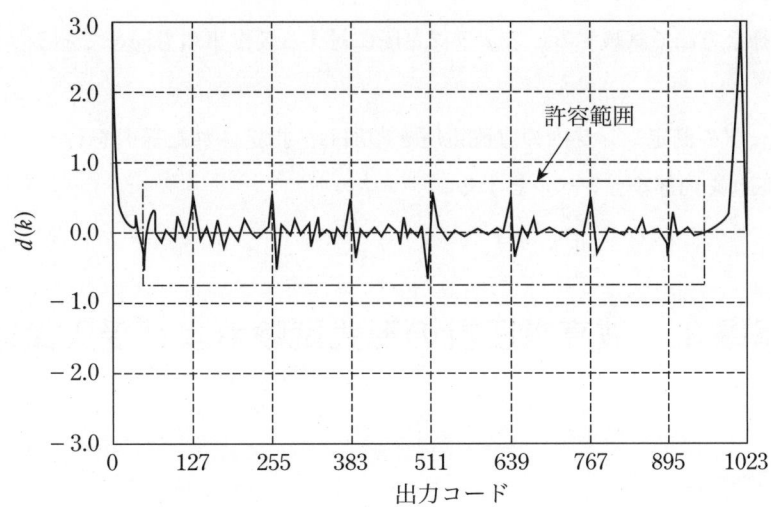

附図 3　動的微分非直線性の例（10 ビットの場合）

3. 時間軸の非直線性試験

本文の **5.3** 項参照。

4. インパルス校正

本文の **5.1** 項参照。

5. ステップ校正

本文の **5.2** 項参照。

6. 立ち上がり時間試験

ディジタルレコーダに要求される立ち上がり時間（$0.03T_X$ 以下，あるいは 15 ns 以下）の 20% より短い立ち上がり時間を持つステップ電圧を入力する。記録データの安定したレベルの 10% から 90% までの時間で立ち上がり時間を測定する。印加ステップ電圧の振幅の範囲は，フルスケールの (95 ± 5) % でなければならない。

7. 内部雑音試験

ディジタルレコーダ測定レンジ内で雑音を含まない安定な直流電圧を印加する。少なくとも 1 000 サンプル（測定時間レンジ内）を取り込む。この記録データの平均値からの標準偏差を，内部雑音レベルとする。

附属書2. アナログオシロスコープの形式試験および受入試験

1. 時間軸の非直線性試験

本文の **5.3** 項参照。

2. インパルス校正

本文の **5.1** 項参照。

3. ステップ校正

本文の **5.2** 項参照。

4. 立ち上がり時間試験

附属書1の6項と同様な方法で試験する。ステップ電圧に対する要求事項も同一である。

5. 内部雑音試験

アナログオシロスコープの測定レンジ内の直流電圧を印加し，指定された掃引を行う。垂直偏向のピーク対ピークの変動の半分の振れを内部雑音レベルとする。

附属書3. 波高電圧計の形式試験および受入試験

1. 電圧レンジの非直線性試験

本文の **5.1** 項 インパルス校正で，波高値を変化して測定する。

2. インパルス校正

本文の **5.1** 項によりインパルススケールファクタを決定する。

附属書4. アナログオシロスコープの校正方法

電圧と時間の個別校正

まずステップ校正によりアナログオシロスコープのインパルススケールファクタを決定する。オシロスコープ上の波形（波高値および時間パラメータ）の読み取りは，以下の方法による。

トレース1：タイムマークのトレース
トレース2：ベース値（入力0）のトレース
トレース3：測定インパルスのトレース（波高値 V_p）
トレース4：測定インパルスの波高値よりわずかに低い直流電圧 V_1 のトレース
トレース5：測定インパルスの波高値よりわずかに高い直流電圧 V_2 のトレース

本文の図 **6** の D_4, D, D_5 を読み取れば，測定インパルス（トレース3）のオシログラフ上の波高値は，補間法によって得られる。この値にインパルススケールファクタを乗ずれば，実際の入力電圧値が求められる。時間パラメータは，トレース1から，補間法によって同様に求められる。

附属書5. 高電圧試験所の電磁界干渉妨害

1. 一般事項

汎用計測器のシールドは，高電圧試験所での使用に対して十分ではない。干渉妨害は，過渡的電磁界によって，あるいは信号線や電源線により引き起こされる。特に，裁断波雷インパルスの場合においては，干渉妨害は高いレベルに達する。以下の予防策によって干渉妨害は減少するであろう。

2. 予防策

2.1 電磁シールド

計測器に直接入り込む電磁界による干渉妨害は，その重要な周波数領域において十分な減衰を持つファラデーケージの中に，計測器を置くことにより減少させることができる。そのようなファラデーケージは，固定および可動接続部を含めて十分な導電性を有する金属の囲いから構成される。この金属の囲いは，シールドされた制御室か，または計測器の保護筐体でもよい。計測器の保護筐体は二つの部分からなる。一つはインパルスリアルタイム記録を行うために要求される高いシールド効果（計測器を完全に覆う）を持つ部分，他は，インパルス記録後に操作するコンピュータ，プロッタ，およびプリンタに接近するための開放部分である。

2.2 電源線からの誘導干渉妨害の減少

主電源から電源線を介して入ってくる誘導干渉は，数十kHzから数十MHzの範囲で有効なフィルタを挿入

することにより減少させることができる。計測器と主電源との間に，巻線間静電容量の小さな絶縁変圧器を入れるとよい。

2.3 信号線の干渉妨害の減少

測定ケーブルのシールドに流れる電流による干渉妨害は，分圧器側で十分な接地を行い，外側のシールドを入力側と計測器側の両端で接地した二重シールドケーブルを使用し，あるいは同時に，両端をそれぞれのよりの接地点へ接続した金属管内にケーブルを通すことにより減少できる。内部と外部シールドは，入力端で接続するとよい。干渉妨害は，測定ケーブルと接地帰路との間のループを小さくすることによっても減らすことができる。

測定ケーブルの端子間に誘導される，あるいは印加される電位差による干渉妨害は，入力電圧をできるだけ高く，すなわち測定器を最大測定レンジで使用することによって，あるいは測定ケーブルの終端と測定器との間に外部減衰器を挿入することによって減少させることができる。

2.4 光学的手段による信号伝送

光学的手段（アナログまたはディジタルのどちらでも）による信号伝送は，もしその光伝送回路の特性が十分良好で **IEC 60060-2** (1994) の要求事項を満足するならば，干渉妨害を減少させるのに使用してもよい。

附属書6. インパルス電圧・電流波形の解析

1. インパルス電圧・電流波形の解析

インパルス電圧・電流の波形解析には，平均曲線（測定波形から不必要な振動を除去した波形）から以下の一連の決定が必要である。

a) ベースラインの値と平均曲線の最大値。
b) それらの差として波高値。
c) 波高値の 10%，30%，50%，70%，90%に到達する時刻。

アナログとディジタル記録の解析にはいくつかの方法がある。これらはソフトウェア，カーソルまたはプロット，プリント，写真などのアナログ記録を用いることができる。試験に用いる処理方法は，校正にも用いられなければならない。

校正記録は保存される必要はないが，例えば波形パラメータの平均値や標準偏差など結果の要約は，保持されなければならない。

どの方法が用いられても，波形に重畳する振動やオーバシュートに関する **JEC-0202**-1994 の要求事項を満足しなければならない。

2. ディジタル記録の平均曲線

ディジタル記録の平均曲線は，いくつかの方法のうちの一つを用いて決定してよい。例えば，あるモデルに対するカーブフィッティング法，またはディジタルフィルタによるデータの平滑法などである。使用する技術は **IEC 61083-2** にしたがって試験され，そのなかに規定されている関連要求事項を満足しなければならない。

3. アナログ記録の平均曲線

平均曲線は手書きで描かれ，試験に関連するグループ間で同意が得られるまで修正されなければならない。そのかわりにアナログ記録を，**IEC 61083-2** にしたがってディジタル化し，処理してもよいが，その規格に規定されている関連要求事項を満足しなければならない。

4. 参照文書

IEC 61083-2（1996） Digital recorders for measurements in high-voltage impulse tests-Part 2：Evaluation of software used to the determination of the parameters of impulse waveforms

参　　　考

測定の不確かさの算出[(1)～(3)]

1. はじめに

本規格では，インパルス電圧・電流試験に使用する測定器（ディジタルレコーダ，アナログオシロスコープ，波高電圧計）は，所定の不確かさの限度内でそれぞれの性能に関する要求事項が規定されている。

ここでは，測定および測定器について，与えられた信頼水準で総合不確かさを推定する手順を示すとともに，測定値および推定される不確かさの値を切り上げる規約についても示している。

2. 一般理論[(1)]

不確かさは次の二つの数値で表現される。

(1) 測定の真値が，記録された結果に対して存在することが期待される値の範囲の限界値（$\pm U$）

(2) これらの限界内に真値の存在する確率，この確率は信頼水準で表される。

不確かさを付した測定の例は次のとおりである。

$$1\,040\,\text{kV} \pm 20\,\text{kV}\ (95\%推定信頼水準)$$

あらゆる測定は，ある程度まで不完全である。測定システムはいろいろな量（例えば温度，接地または課電された近接構造物，干渉妨害など）によって影響を受ける。測定が数回繰り返されたときには，一般にその結果にばらつきが見られる（本規格の要求が満たされるときに，このばらつきは小さくなる）。測定が多数回繰り返されるときには，結果の大部分は中央値に近づき，この中央値は測定の数が増加するにつれて一定値となる傾向を有する。

多くの高電圧試験では1回の測定しか許容されない。その他，数回の測定，例えば**5.1**に示されるように10回の測定を要求している場合もある。1回の測定は可能性のある分布の範囲内の値となるかもしれない。1回の測定値（または少数回測定の平均値）と分布の平均値の間の起こりうる差は，不確かさのランダムな寄与成分を与える。

本参考は任意回数の繰り返し測定を処理する手順を与えるものである。

多くの場合，総合不確かさは，その数値を評価する方法によって，二つのカテゴリーに属するいくつかの寄与成分を合成することによって得られる。

2.1 系統的寄与成分（タイプ B）

系統的寄与成分は，統計的に評価されるものではなくて，他の手段によって推定されるものである。次にこれらの例を示す。

(i) 校正証明書に記載されている測定器の校正の不確かさ

(ii) 測定器のスケールファクタの値の変化（例えば経時変化）

(iii) 校正時の条件とは異なる条件下での測定器の使用（例えば異なる温度）

(iv) 測定器の分解能

測定器がいったん校正され，試験に用いられるときには，その校正の不確かさは，試験結果の不確かさの推定に当って系統的寄与成分の一つとして取り扱われる。

系統的寄与成分には，矩形分布を持つものと正規分布を持つものがある。

(1) 系統的寄与成分（矩形分布）

系統的寄与成分のうち矩形分布を持つとみなされる成分である。すなわち推定された限界（$-a \sim +a$，aは半値幅）の間のいずれの測定値も，等しい確率で存在すると仮定される。

矩形分布の標準偏差は次のとおりである。

$$s_{sa} = \frac{a}{\sqrt{3}} \tag{参1}$$

n個の相関のない系統的寄与成分（矩形分布）を結合するときには，

(a) 標準偏差は次のとおりである。

$$s_{sa} = \sqrt{\frac{a_1^2}{3} + \frac{a_2^2}{3} + \frac{a_3^2}{3} + \cdots + \frac{a_n^2}{3}} \tag{参2}$$

ここで，$a_1, \cdots, a_n$は個々の寄与成分の半値幅である。

(b) 有意な寄与成分があり，かつ事象（測定値）の数が十分大きい場合，分布は近似的に正規分布となる。

(2) 系統的寄与成分（正規分布）

系統的寄与成分のうち正規分布を持つとみなされる成分である。いくつかの相関のない系統的寄与成分（正規分布）を結合する場合，該当する標準偏差の平方和の平方根（s_{sg}）の標準偏差を持つ正規分布として評価される。

(3) 系統的寄与成分の合成

矩形分布（s_{sa}）と正規分布（s_{sg}）の系統的寄与成分に対する標準偏差は次のとおりである。

$$s_s = \sqrt{s_{sa}^2 + s_{sg}^2} \tag{参3}$$

2.2 ランダムな寄与成分（タイプA）

ランダムな寄与成分は繰り返し測定から統計的に導かれるもので，ランダムであれば，一般に測定結果は正規分布に近づく。各々のランダムな寄与成分は，測定値の実験標準偏差（s_r）によって定量化される。

2.3 不確かさの寄与成分の間の相関

測定量の間に相関が存在し有意であるならば，無視するのは望ましくない。可能ならば，相関に関係すると考えられる量を変化させて実験を行い，測定量からこの相関を評価することが望ましい。多くの場合，測定量は十分に独立であるので，不確かさに影響する量は相関がないと仮定することができる。もし測定量の間の相関が無視できず，実験的に決定できないと判断されたならば，**ISO TAG 4**の5.1章の手順を用いることが望ましい。[2]

3. 総合不確かさ

3.1 不確かさの寄与成分の合成

正規分布に対する不確かさは次式で与えられる。

$$U = k \cdot s \quad (P\%の推定信頼水準) \tag{参4}$$

ここで，k は保証係数であり**参考表 1** の最終行に，また P は**参考表 1** の最初の行に示されている。

他に規定がなければ，通常 95％ の信頼水準で不確かさを評価し，$k = 2$（1.96 を切り上げた）の値が用いられる。

不確かさの寄与成分の合成のため，本参考では，測定システムの系統的およびランダムな不確かさの寄与成分を別々に評価することを要求している。総合不確かさ U は，系統的な不確かさ U_s およびランダムな不確かさ U_r の寄与成分の平方和の平方根として次式から導かれる。

$$U = \sqrt{U_s^2 + U_r^2} \tag{参5}$$

U_s と U_r は同一の信頼水準で計算され，**3.2** および **3.3** にしたがって導かれる。

3.2　系統的不確かさの推定

系統的不確かさの基本式は次のとおりである。

$$U_s = k \cdot s_s = k\sqrt{s_{sa}^2 + s_{sg}^2} \tag{参6}$$

（式（参3）および（参4）より）

校正の不確かさが信頼水準なしに与えられている場合，その不確かさに等しい半値幅を持つ矩形分布として取り扱い，式（参2）の項の一つに含めることが望ましい。

不確かさが信頼水準を付して与えられるときには，それは正規分布を持つと仮定するのが望ましい。

それゆえ，もし校正の不確かさが，現在一般に推奨されているように，95％ の信頼水準で与えられるならば，その値は $2s$ である（すなわち $k = 2$）．したがって，

$$s_{sg} = \frac{U_{95}}{2} \tag{参7}$$

3.3　ランダムな不確かさの推定

測定が同一条件の下で数回繰り返されるとき，測定値にばらつきが見られる（分解能が十分であるならば）。それゆえ次に起こり得る値の推定には不確かさが存在する。

これら繰り返し測定の平均値は，測定数 n が増加するにつれて（n の平方根の逆数に比例）減少する不確かさを有するであろう。

(1)　少数回の測定からの U_r（例えば，**参考表 2** に示されるように 10 回の測定の場合）

n（小さな数）の値から求めた平均値 x_m に対する不確かさ U_r は次式で表される。

$$U_r = \frac{t \cdot s_r}{\sqrt{n}} \tag{参8}$$

ここで，t は測定数 n と要求される信頼水準 P が与えられると，**参考表 1** から得られるスチューデントの t 因子。また，s_r は次式で与えられる。

$$s_r = \sqrt{\frac{1}{n-1}\sum_{i=1}^{n}(x_i - x_m)^2} \tag{参9}$$

ここで，x_i は $i = 1 \sim n$ に対する測定値，x_m は測定値の平均。

参考表1 スチューデントの t 分布

測定数 n の関数として，特定の信頼水準 $P(\%)$ に対する t の値

n ＼ $P(\%)$	68.3	90.0	95.0	99.7
2	1.84	6.31	12.7	−
3	1.32	2.92	4.30	−
4	1.20	2.35	3.18	9.22
5	1.14	2.13	2.78	6.62
6	1.11	2.02	2.57	5.51
7	1.09	1.94	2.45	4.90
8	1.08	1.89	2.36	4.53
9	1.07	1.86	2.31	4.28
10	1.06	1.83	2.26	4.09
20	1.03	1.73	2.09	3.45
∞ [1]	1.00	1.65	1.96 [2]	3.00

注(1) $n \to \infty$ のときに，$t \to k$
　(2) $P=95\%$ に対し，k の値は切り上げて 2 とされる
備考　統計学において，"$n-1$" は分布の自由度と呼ばれる。

(2) 多数回の測定からの U_r ($n \geqq 10$)

$n \geqq 10$ の測定値に対して，95％の信頼水準を選択した場合，式（参8）の t は k で置き換えることができ，測定値の平均 x_m の不確かさは次のようになる。

$$U_r = \frac{k \cdot s_r}{\sqrt{n}} \qquad (参11)$$

(3) 以前に行われた多数回の測定を考慮した U_r

s_r の値が多数回の測定から（たとえば95％の信頼水準に対し，$n_1 \geq 20$）決定されており，有意な変更がされていない測定システムに対しては，その後の少数回（n_2）の測定による測定値（平均値）の不確かさは次式で表される。

$$U_r = \frac{k \cdot s_r}{\sqrt{n_2}} \qquad (参12)$$

ここで，$n_2 = 1$（または2など），$n_2 \ll n_1$

4. 総合不確かさ評価の手順

不確かさの見積りは，有意な各寄与成分に割り当てられた値を集めることである。この計算には総合不確かさを推定するために，本参考に与えられている手順が用いられる。これら評価の手順は性能試験に用いられる方法と同様であることが推奨される。

5. 測定値および推定された不確かさの表示法

測定における付加的誤差は，最終報告に記載される数値より多くの桁の有効数字で，計算を行うことにより避けることができる。一般的に2桁多い有効数字で計算すれば十分である。

不確かさの値は，1桁または2桁の有効数字で記述することが望ましい。不確かさの報告値は，あまりに楽観的な数値を与えることを避けるため，例えば計算した不確かさ ± 0.82％を，± 0.9％または ± 1％に切り上げるように，常に絶対値の大きい方向に切り上げることが望ましい。

測定値は，それとともに報告される不確かさの最高でも10％の分解能（報告された不確かさの1桁下位）の値まで報告することが望ましい。一例として，分解能0.01％，測定の不確かさ±1％で測定された電圧の測定値はx.y$_1$…y$_2$（％）となるが，0.1％に切り上げ（つまり小数第2位以下である数y$_2$を切り上げて）x.z（％）と報告することが望ましい。

しかし，測定条件の変動による一連の測定のドリフトを検出するような場合は，もう1桁有効数字を追加することが有効であるかもしれない。

6. 測定器の総合不確かさの評価例

6.1 一般的事項

次の測定は，ディジタルレコーダを使用して行われた例である。

校正インパルス発生器を用いて，ディジタルレコーダの全波雷インパルス電圧によるインパルス校正を実施した。校正インパルス発生器の発生電圧をディジタルレコーダに10回印加し，その出力が測定された。

校正インパルス発生器の発生する波形の波高値および時間パラメータは，校正機関によって校正されている。その校正証明書は，インパルス校正で使用する発生電圧における校正結果とその結果の得られた条件，95％信頼水準における校正の不確かさの推定を含んでいる。測定結果を**参考表2**に示す。

参考表2 ディジタルレコーダのインパルス校正結果

回数	波高値			波頭長			波尾長		
	校正器出力値 V_{ps} (V)	ディジタルレコーダ測定値 V_p (V)	スケールファクタ V_{ps}/V_p	校正器出力値 T_{1s} (μs)	ディジタルレコーダ測定値 T_1 (μs)	スケールファクタ T_{1s}/T_1	校正器出力値 T_{2s} (μs)	ディジタルレコーダ測定値 T_2 (μs)	スケールファクタ T_{2s}/T_2
1		996.19	1.0047		0.8432	0.9928		60.46	0.9954
2		995.78	1.0051		0.8445	0.9912		60.42	0.9960
3		995.98	1.0049		0.8460	0.9895		60.53	0.9942
4		996.27	1.0046		0.8461	0.9894		60.39	0.9965
5	1000.90	995.95	1.0050	0.8371	0.8461	0.9894	60.18	60.44	0.9957
6		996.23	1.0047		0.8464	0.9890		60.39	0.9965
7		995.81	1.0051		0.8443	0.9915		60.47	0.9952
8		996.07	1.0048		0.8447	0.9910		60.50	0.9947
9		996.41	1.0045		0.8451	0.9905		60.39	0.9965
10		995.62	1.0053		0.8414	0.9949		60.50	0.9947
平均値			1.0049	平均値		0.9909	平均値		0.9956
標準偏差			0.025％	標準偏差		0.183％	標準偏差		0.084％

6.2 波高値測定の不確かさ算出

(1) ランダムな不確かさの寄与成分（タイプA，10回の対応する測定から推定）

参考表2より，測定システムのスケールファクタの平均値

$$F_m = 1.0049$$

標準偏差

$$s_r = 0.025\%$$

参考表1の$n=10$，$P=95\%$より，$t=2.26$を引き，（参8）式に代入して，

$$U_r = \frac{2.26 \times 0.025}{\sqrt{10}} \simeq 0.01787 \simeq 0.018$$

したがって，95％信頼水準でのランダムな不確かさは，
$$U_r = \pm 0.018\%$$

(2) 系統的不確かさの寄与成分（タイプB）

　(a) 校正インパルス発生器の不確かさ

　　校正証明書に与えられた値は，95％信頼水準（$k = 2$）で $U_1 = \pm 0.5\%$

(3) 95％より小さくない信頼水準に対する総合不確かさ

　(参5) 式より，
$$U = \pm\sqrt{0.5^2 + 0.018^2} \simeq \pm 0.5003$$
切り上げて ± 0.6％

6.3 波頭長測定の不確かさ算出

(1) ランダムな不確かさの寄与成分（タイプA，10回の対応する測定から推定）

参考表2 より，測定システムのスケールファクタの平均値
$$F_m = 0.9909$$

標準偏差
$$s_r = 0.183\%$$

(参8) 式に代入して，
$$U_r = \frac{2.26 \times 0.183}{\sqrt{10}} \simeq 0.131$$

したがって，95％信頼水準でのランダムな不確かさは，
$$U_r = \pm 0.14\%$$

(2) 系統的不確かさの寄与成分（タイプB）

　(a) 校正インパルス発生器の不確かさ

　　校正証明書に与えられた値は，95％信頼水準（$k = 2$）で $U_1 = \pm 1\%$

(3) 95％より小さくない信頼水準に対する総合不確かさ

　(参5) 式より，
$$U = \pm\sqrt{1^2 + 0.13^2} \simeq \pm 1.008$$
切り上げて ± 1.1％

6.4 波尾長測定の不確かさ算出

(1) ランダムな不確かさの寄与成分（タイプA，10回の対応する測定から推定）

参考表2 より，測定システムのスケールファクタの平均値
$$F_m = 0.9956$$

標準偏差
$$s_r = 0.084\%$$

(参8) 式に代入して，
$$U_r = \frac{2.26 \times 0.084}{\sqrt{10}} \simeq 0.06003$$

したがって，95％信頼水準でのランダムな不確かさは，

$$U_r = \pm 0.06\%$$

(2) 系統的不確かさの寄与成分（タイプB）

  (a) 校正インパルス発生器の不確かさ

    校正証明書に与えられた値は，95％信頼水準（$k = 2$）で $U_1 = \pm 1\%$

(3) 95％より小さくない信頼水準に対する総合不確かさ

  （参5）式より，

$$U = \pm\sqrt{1^2 + 0.06^2} \simeq \pm 1.01$$

  切り上げて ± 1.1％

7. タイプA・タイプB二つの不確かさと総合不確かさの評価

　不確かさにはタイプAとタイプBの二つの不確かさがあり，総合不確かさはこれら二つの不確かさの平方和の平方根として評価される。ところが，前節の計算例で見てきたように，一般に校正インパルス発生器を用いた測定では，タイプAの不確かさの大きさは校正インパルス発生器の証明書に記載されているタイプBのそれに比べてはるかに小さい。つまり，校正インパルス発生器により基準波形を測定器に入力して波形パラメータを測定する場合，総合不確かさは，主に校正インパルス発生器の不確かさ（タイプB）によって決まると考えてよい。

8. 参照文書

(1) **IEC 60060-2**（1994）Amendment 1（1996），Annex H

(2) Guide to the Expression of Uncertainty in Measurement（GUM），ISO，1995

(3) 飯塚幸三監修「計測における不確かさの表現ガイド」，日本規格協会，1996

解　　　　説

解説 1. ディジタルレコーダの概要

1.1 ディジタルレコーダの構成（解説図 1 参照）

　ディジタルレコーダは，オシロスコープと同様にアナログ信号波形を観測する測定器である。オシロスコープと異なる点は，波形を内蔵のA/D変換器によりディジタルデータの形で記録し，外部コンピュータへ出力できることである。これによりコンピュータ上で波形パラメータ解析が可能になる。ディジタルレコーダは，一般に以下の回路要素により構成される。

(1) 信号入力端子

　アナログ信号の入力端子である。インパルス試験においては，測定するインパルス電圧を入力する。

(2) 入力減衰器

　後段の増幅器と合わせて入力信号の振幅調整を行う。信号振幅がA/D変換器のフルスケールより大きいときには入力減衰器により信号振幅を減衰させ，信号振幅がA/D変換器のフルスケールよりも小さいときには増幅器により信号振幅を大きくし，フルスケールにほぼ合わせる。

　一般に，入力インピーダンスは 1 MΩ となっているが，50 Ω に切り替える機能を持ったものもある。

(3) 増幅器

　前段の入力減衰器と合わせて入力信号の振幅調整を行う。

(4) A/D変換器

　適切な振幅の入力信号をディジタルコードに変換する。入力されたアナログ信号は，タイムベース部から供給されるサンプリングクロックによりサンプリングされ，次にディジタルコードに変換される。ディジタルコードに変換することは量子化とよばれ，量子化の分解能はビット数で表現され，8 ビットでは，1/256 ($1/2^8$)，10 ビットでは 1/1 024 ($1/2^{10}$) である。一般に 8 ビット以上が使用される。

(5) 記憶部

　A/D変換器によりディジタルコードに変換されたデータを一時的に記録するために，半導体メモリにより構成される記憶部が用意される。用意されるメモリの大きさにより記録長が決定される。記録された波形データは制御部からの指示により，インタフェース部へ記録データを順次送出し，外部コンピュータへ波形データを送出する。

(6) インタフェース部

　外部のコンピュータと接続し，制御信号の伝送や記録データの送出を行う。一般に，GPIB が使用される。

(7) トリガ部

　波形の記録開始を制御する役割を持つ。増幅器からの信号あるいは外部から供給されるトリガ信号を入力とし，波形取り込みを開始するための制御信号を生成しタイムベース部へ送る。入力信号が，あらかじめ設定さ

れるトリガレベルを越えた時に波形取り込み開始信号が生成される。

(8) タイムベース部

A/D変換器で行うサンプリングのためのサンプリングクロックを生成する。サンプリングクロックはトリガ部からの開始信号により生成される。サンプリングレートはあらかじめ制御部から設定される。

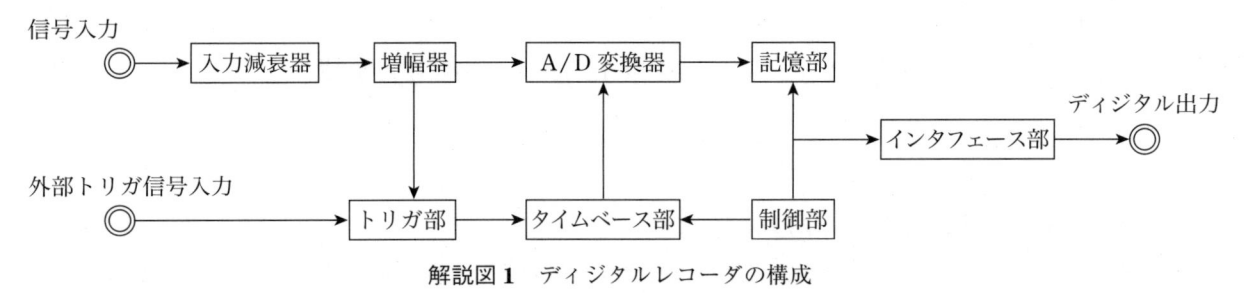

```
信号入力
 ◎ → 入力減衰器 → 増幅器 → A/D変換器 → 記憶部
                      ↓          ↑          ↓         ディジタル出力
                                          インタフェース部 → ◎
外部トリガ信号入力
 ◎ → トリガ部 → タイムベース部 ← 制御部
```

解説図1 ディジタルレコーダの構成

1.2 A/D変換

A/D変換は，サンプリング，量子化，コード化の三つのプロセスで，アナログ信号をディジタルコードに変換する。

(1) サンプリング

アナログ信号をディジタルコードに変換するには，まず連続的に変化するアナログ信号を周期（T）ごとに一定のパルス幅に区切り，それぞれの瞬時値を取り出すことを行う。これは時間軸方向の離散化とよばれ，その結果解説図2(b)に示されるサンプル信号列が得られる。

(2) 量子化

サンプリングした結果，パルス列となったアナログ信号は，単位振幅ごとに区切られた不連続な振幅値の一番近い値に割り当てられる。このプロセスは量子化とよばれ，8ビットの場合フルスケールの1/256に区切られた振幅値に割り当てられる。その結果を解説図2(c)に示す。

(3) コード化

サンプリングされ量子化された信号を解説図2(d)に示すようにコード化する。一般に自然2進符号が使われる。解説図2(e)に示す変換表に従って電圧値がディジタルコードに変換される。

以上のプロセスによって，連続したアナログ信号が不連続な数値であるディジタルコードへ変換されて，ディジタル出力としてA/D変換器から出力される。

(a) 入力信号

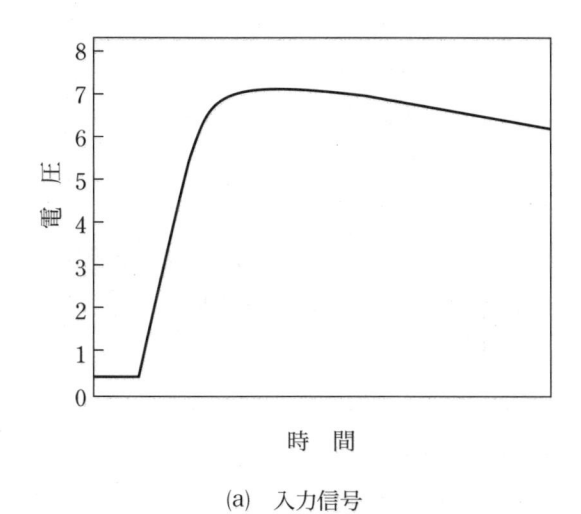

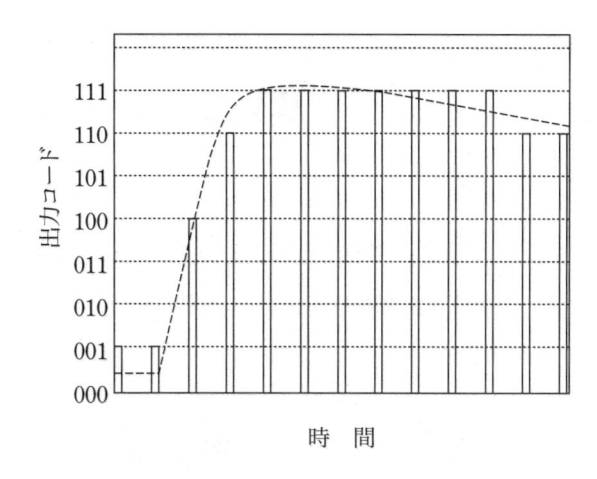

(d) コード化された信号列

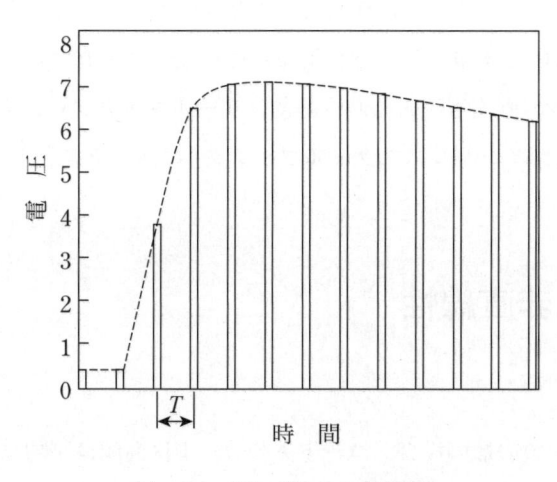

(b) サンプリングされた信号列

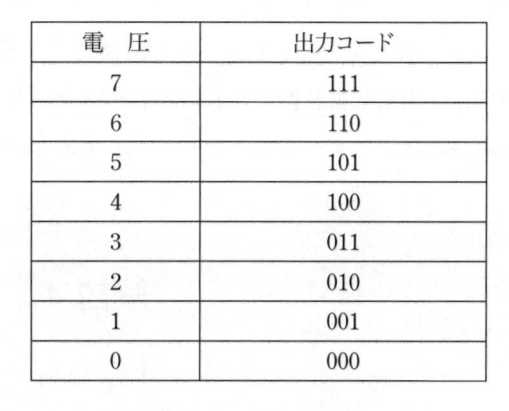

(e) 電圧とコードとの対応

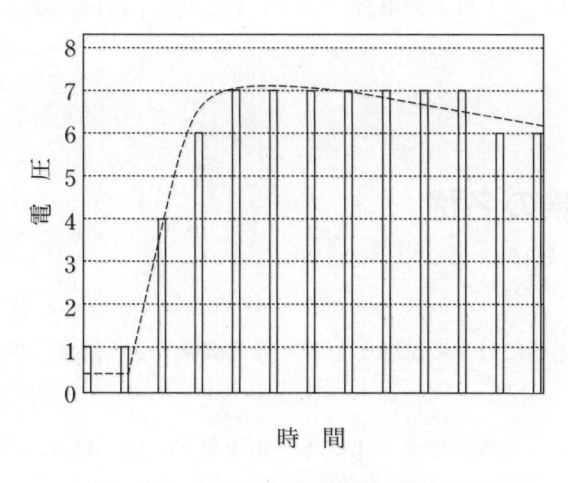

電 圧	出力コード
7	111
6	110
5	101
4	100
3	011
2	010
1	001
0	000

(c) サンプリングし量子化された信号列

解説図2 A/D変換プロセス（分解能3ビットの例）

解説2. ディジタルレコーダの出力

ディジタルレコーダの出力は，一組のビット列に符号化して数値を表したコードである。通常，2進符号（バイナリ・コード）が使われる。ビット列の長さ（ビット数）は分解能に関係する（本文 **2.3.1** 参照）。

解説3. スケールファクタ

一般にディジタルレコーダは，入力減衰器，増幅器，A/D変換器，記憶部などにより構成される。これら構成要素のうちアナログ信号を扱う入力減衰器，増幅器，A/D変換器はそれぞれ異なる周波数特性を有する。そのために，入力信号継続時間が長い場合のスケールファクタ（直流電圧入力時，静的スケールファクタ）と継続時間が短い場合のスケールファクタ（インパルス電圧入力時，インパルススケールファクタ）の両方を規定する。

解説4. 微分非直線性

微分非直線性は，コード区間幅のばらつきを表す。$d(k)$ が負の数の場合，コード k のコード区間幅は平均コード区間幅より狭いことを表し，−1以下の場合，コード k は出力に現れないことを意味する。また，$d(k)$ が正の数の場合，コード k は平均コード区間幅より広いことを表し，+1以上の場合，コード k のコード区間幅は平均コード区間幅の2倍以上であることを意味する。

解説5. 試験の名称

本規格では，インパルス電圧・電流試験に用いられる測定器に対する試験として，形式試験，受入試験，性能試験および性能点検の4種類を規定した。

電気学会・電気規格調査会内規「規格票の様式」(1983)および電気学会・電気専門用語集 No. 17「絶縁協調・高電圧試験」(電気学会・電気用語標準特別委員会，1986)には，形式試験，受入試験および参考試験の3種類については定義されているが，性能試験と性能点検なる用語はみられない。これ以外の用語を用いる場合には当該規格においてその定義を明確にすることとされている。他方，本規格と内容的に関連深い **IEC 61083-1** (2001) や **IEC 60060-2** (1994) 等では，Type test，Routine test，Performance test および Performance check の4種類

の試験が定義されおり，さらに Type test と Routine test の 2 種類の総称として Acceptance test なる用語も用いられている。

本規格では試験の名称については，上記「規格票の様式」の規定にしたがうこととし，その内容によって検討した結果，本項の冒頭に記した 4 種類とした。形式試験と受入試験の定義は「規格票の様式」のとおりとし，性能試験と性能点検については，IEC 規格の定義を参考にして規格本文のように新たに定義を規定した。

試験の名称について，本規格と IEC 規格との対応は解説表 1 のとおりである。

解説表 1　試験の名称の対応

本規格での名称	IEC 規格での名称
形式試験	Type test
受入試験	Routine test
性能試験	Performance test
性能点検	Performance check

注　IEC 規格では，Type test と Routine test を総称するものとして，Acceptance test なる用語が用いられる場合があるが，本規格ではこれに対応する用語は特に規定しなかった。

解説 6.　最高周波数 $f_{\max}$

インパルス電圧試験時に起こり得る最高周波数は，以下の式により見積もることができる。

$$f_{\max} = \frac{c}{4(H_g + H_c)} \text{ MHz}$$

ただし，c：電磁波の伝搬速度 300 m/μs

　　　　H_g：インパルス電圧発生装置の高さ（単位：m）

　　　　H_c：波頭調整用コンデンサの高さ（単位：m）

Ⓒ電気学会電気規格調査会 2007

電気規格調査会標準規格

JEC-0221-2007
インパルス電圧・電流試験用測定器に対する要求事項

2007年11月10日　　　第1版第1刷発行

編　者　電気学会電気規格調査会

発行者　田　中　久　米　四　郎

発　行　所

株式会社　電　気　書　院

振替口座　00190-5-18837
東京都千代田区神田神保町1-3 ミヤタビル2階
〒101-0051 電話(03)5259-9160(代表)

落丁・乱丁の場合はお取り替え申し上げます．

⟨Printed in Japan⟩

STANDARD
OF
THE JAPANESE ELECTROTECHNICAL COMMITTEE

JEC-0221-2007

INSTRUMENTS USED FOR MEASUREMENTS IN IMPULSE VOLTAGE AND CURRENT TESTS

Requirement for Instruments

PUBLISHED
BY
DENKISHOIN

定　価＝本体3,100円＋税

ISBN978-4-485-98952-4 C3054 ¥3100E